ÉTUDE STRATIGRAPHIQUE

DU

TERRAIN HOUILLER D'AUCHY-AU-BOIS

THÉORIE

SUR LE PROLONGEMENT AU SUD DE LA ZONE HOUILLÈRE
DU PAS-DE-CALAIS

ET

COMPARAISON DES TERRAINS HOUILLERS D'AUCHY-AU-BOIS
ET DU BOULONNAIS,

PAR

Ludovic BRETON,

Ingénieur-Directeur de la Compagnie d'Auchy-au-Bois.

MÉDAILLE D'OR
Décernée au Concours de 1876 par la Société des Sciences, de l'Agriculture
et des Arts de Lille.

LILLE
IMPRIMERIE DE L. DANEL.
1877.

ÉTUDE STRATIGRAPHIQUE

DU

TERRAIN HOUILLER D'AUCHY-AU-BOIS

THÉORIE

SUR LE PROLONGEMENT AU SUD DE LA ZONE HOUILLÈRE DU PAS-DE-CALAIS

ET

COMPARAISON DES TERRAINS HOUILLERS D'AUCHY-AU-BOIS ET DU BOULONNAIS,

PAR

Ludovic BRETON,

Ingénieur-Directeur de la Compagnie d'Auchy-au-Bois.

MÉDAILLE D'OR
Décernée au Concours de 1876 par la Société des Sciences, de l'Agriculture
et des Arts de Lille.

LILLE
IMPRIMERIE DE L. DANEL.
1877.

PREFACE.

Si l'on veut un jour faire une étude générale du bassin du Pas-de-Calais ; il est nécessaire de faire d'abord une étude détaillée de chacune des concessions houillères; l'ingénieur qui dirige les travaux d'exploitation possède, mieux que personne, les éléments pour faire ce travail d'une façon sérieuse, et, en publiant les observations qu'il a recueillies, il viendra certainement en aide à ses collègues des autres concessions, pour exécuter leurs travaux de recherches avec plus de sûreté.

Le tracé des failles surtout, quoique n'étant pas rigoureusement rectiligne, peut être prolongé sur les concessions voisines, suivant une direction moyenne, et l'ensemble des couches présente souvent des caractères qui permettent de relier, sinon les veines, du moins un ensemble de veines de deux exploitations différentes.

Enfin, il y a des conditions spéciales de gisement qui ne peuvent manquer d'intéresser ceux qui s'occupent de l'exploitation des mines et de l'étude de la géologie.

C'est en me pénétrant de ces idées que je vais décrire le gisement houiller d'Auchy-au-Bois.

Sa faible largeur, à une petite profondeur, a permis de le traverser de part en part et de reconnaître ses rapports avec les terrains encaissants; il offre, en outre, certaines particularités fort intéressantes.

ÉTUDE STRATIGRAPHIQUE

DU

TERRAIN HOUILLER D'AUCHY-AU-BOIS

THÉORIE ·

SUR LE PROLONGEMENT AU SUD DE LA ZONE HOUILLÈRE DU PAS-DE-CALAIS

ET

COMPARAISON DES TERRAINS HOUILLERS D'AUCHY-AU-BOIS ET DU BOULONNAIS, [1]

PAR

Ludovic BRETON.

PREMIÈRE PARTIE.

DÉLIMITATIONS DE LA CONCESSION D'AUCHY-AU-BOIS.

La concession des mines de houille d'Auchy-au-Bois est située sur les communes de Liettres, Rely, Saint-Hilaire, Lières, Lespesses, Ames, Auchy-au-Bois, Enquin, Estrée-Blanche, arrondissements de Béthune et de Saint-Omer (Pas-de-Calais).

Les fosses sont reliées au chemin de fer des houillères par un chemin de fer de huit kilomètres, propriété de la

[1] Extrait des *Mémoires del a Société des Sciences , de l'Agriculture et des Arts de Lille*, année 1877, tome III , 5e série.

Compagnie, qui aboutit à la gare de Lillers. Sur le canal d'Aire à La Bassée, les deux Compagnies de Ferfay et d'Auchy-au-Bois possèdent, en commun, une gare d'eau pour l'expédition de leurs produits.

Cette concession fut accordée par décret impérial du 29 décembre 1855, et, le 23 avril 1863, il lui fut ajouté une extension ; elle est aujourd'hui délimitée comme suit *(Planche I)*:

A l'Est, par la droite prolongée qui joint le clocher d'Amettes à celui d'Ames, depuis le point N, où elle rencontre la ligne qui joint le clocher d'Auchy-au-Bois, point S, au point R situé à l'intersection de l'axe du chemin vicinal de grande communication N° 65, d'Arras à Thérouanne, avec l'axe de la route nationale N° 16, de Paris à Dunkerque, jusqu'au point I, où elle coupe la ligne VP menée du point P d'intersection des axes des chemins dits le chemin de Lières et la Cavée-du-Moulin, commune de Lières, au clocher de Burbure. (Cette droite forme la limite Ouest de la concession de Ferfay.)

Au Nord, par la portion de la ligne qui joint le point P au clocher de Burbure, comprise entre le point I et le point P, et par la droite P U, tirée du point P sur le clocher de Serny et arrêtée au point U, où elle coupe la droite qui réunit les clochers de Liettres et de Fléchin.

A l'Ouest, par la portion de cette droite, comprise entre le point U et le point T, où elle rencontre la ligne qui joint l'angle oriental de la ferme du Corroy, commune d'Enquin, au clocher d'Auchy-au-Bois.

Au Sud, par la ligne brisée T X S N, formée : 1° par la droite T X, menée du point T ci-dessus défini au point X, intersection de la route départementale N° 13, d'Hesdin à St-Hilaire, et du chemin vicinal de Ligny-lez-Aire à Amettes ; 2° par la droite X S, menée du point précédent X au clocher d'Auchy-au-Bois, point S ; 3° par la droite

S N, dirigée dudit point S vers le point R ci-dessus défini, cette ligne étant arrêtée au point de départ N.

Lesdites limites renferment une étendue superficielle de 13 kilomètres carrés, 63 hectares. La Compagnie demande en ce moment une nouvelle extension le long de sa limite Sud actuelle.

HISTORIQUE DES TRAVAUX.

Quand la société de recherches eut découvert par des sondages le terrain houiller d'Auchy-au-Bois, on traça sur le plan de surface, approximativement, les lignes d'affleurement nord et sud du gisement; ces renseignements étaient suffisants pour délimiter la concession. La connaissance imparfaite qu'on avait, au début de l'entreprise, ne fut pas éclairée par de nouveaux sondages, destinés à préciser la position de la première fosse. On pensait alors que la zône houillère d'Auchy-au-Bois avait la forme d'un U très-ouvert (⌣) et l'on croyait que les limites étaient les extrémités des branches de l'U, ce qui n'est pas exact. Le bassin d'Auchy-au-Bois, dans la partie indiquée sur les cartes comme non recouverte de terrains plus anciens n'est qu'une partie de l'une des branches d'un U fermé et incliné au sud (⟍) formant cependant encore un massif de 450 mètres de puissance, s'enfonçant à une assez grande profondeur; plus au sud, l'épaisseur du massif augmente, mais le terrain houiller ne s'y rencontre qu'à une profondeur plus grande. Enfin, à cette époque les exploitants en plaçant la fosse N° 1 (*Planche I et II*) où elle est, croyaient sans doute que le point choisi était près de l'axe du bassin, mais il n'en fut pas ainsi, car cette fosse N° 1, trop au nord, rencontra le terrain houiller à 141 mètres de profondeur et le calcaire carbonifère à

201 mètres, ne recoupant que 60 m. de terrain houiller. D'après la pente de la surface de contact des deux terrains, le terrain houiller a sa limite d'affleurement à 67 mètres au nord de la fosse.

Le calcaire fut à peine entamé ; il était prudent d'arrêter le fonçage, dans la crainte de trouver de l'eau jaillissante, la petite quantité d'eau qui en provient est insignifiante, mais elle ne tarit pas.

Dans les autres concessions, la première fosse fut placée aussi avec des données incertaines, mais la zône houillère étant plus large, l'erreur était moins à craindre ; on se réservait, du reste, d'étudier le gisement par des travaux souterrains, et de placer ensuite les autres fosses avec plus de certitude de réussite.

La fosse N° 1 se trouvant ainsi à sa profondeur définitive et sans espoir d'avoir une exploitation au nord, n'avait pas d'autre avenir que d'être une fosse d'études, et, à ce point de vue, elle pouvait être très-utile. C'est ainsi du reste, que les exploitants parurent le comprendre, en ouvrant deux accrochages au sud, aux niveaux de 159 mètres et de 194 mètres et en dirigeant deux galeries à travers bancs, de manière à traverser le massif houiller dans toute son épaisseur tout aussi bien qu'un puits vertical en plein bassin, puisque les couches inclinent au sud. La richesse du gisement fut bientôt prouvée par la découverte de veines que nous étudions plus loin. Dès ce moment, un nouveau puits aurait dû être créé pour prendre les veines en pied. D'autres idées prévalurent, et cette fosse N° 1, limitée dans sa production, mais pouvant devenir très-utile comme fosse d'aérage et de sauvetage, fut sacrifiée, et des considérations différentes déterminèrent l'emplacement d'un second puits. C'était en 1862, la vente des charbons était difficile, et, pour en avoir un débouché certain, on se rapprocha de la route départementale de St.-Hilaire à Hesdin. On quittait donc la partie relativement régulière du bassin reconnue par les

Mines d'Auchy-au-Bois.

P. III.

Coupe suivant les Bowettes de la Fosse N°1 Echelle

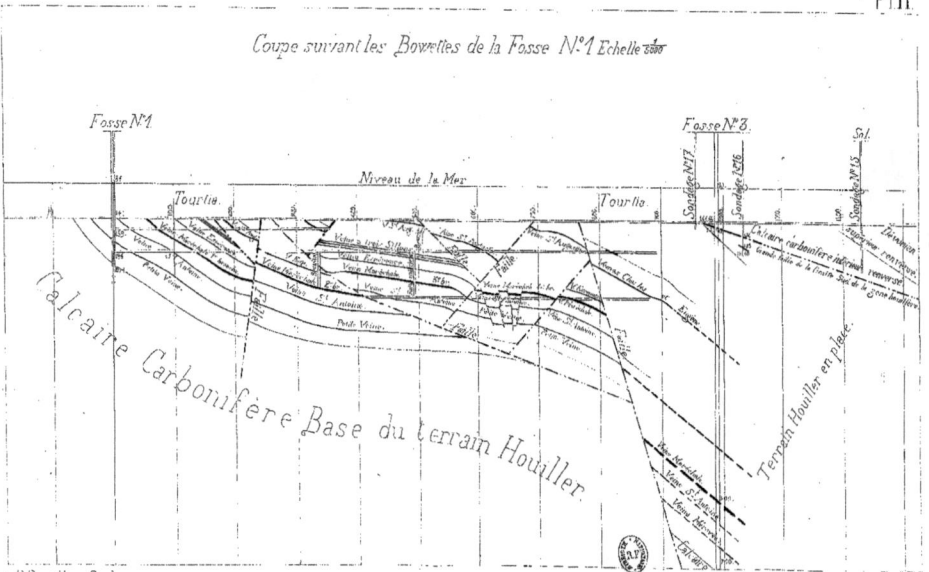

Fosse N°1

Fosse N°3.

Sol.

Niveau de la Mer

Tourtia.

Tourtia.

Calcaire Carbonifère Base du terrain Houiller.

Terrain Houiller en plate.

P.Duvillier Sculp.

L.Breton del.

travaux d'exploitation de la fosse Nº 1, pour se placer dans l'inconnu. Le terrain houiller, à ce nouveau puits (*Planche I et III*), fut rencontré à 145 mètres de profondeur; les couches ayant leur pente à l'ouest étaient, en outre, renversées, et on ne put déterminer de suite quelle était leur allure générale; aussi les galeries à travers bancs, dites bowettes, au lieu de suivre une direction bien déterminée, perpendiculaire à celle des veines, marchèrent par tâtonnement, et ce ne fut qu'après des contours sans fin, qu'elles furent dirigées vers le nord. Le sud fut à peine exploré.

De belles veines furent cependant rencontrées et exploitées, mais cette idée qu'on avait de la zône houillère d'Auchy-au-Bois en forme de ⎵ très-ouvert, dominant à cette époque (la forme en cuvette qui présentèrent les premières veines rencontrées dans la fosse Nº 2 pouvait bien faire croire à cette disposition sans qu'on pût en déterminer la cause), fit qu'on ne supposa pas que ces veines devaient faire leur pied au midi, et qu'il suffisait à des étages inférieurs d'aller dans cette direction pour les retrouver, ainsi que d'autres couches. Les exploitants indécis, s'appuyant en outre sur les avis d'ingénieurs compétents, arrêtèrent les travaux des niveaux supérieurs de 175 mètres et 215 mètres, et l'approfondissement fut décidé.

Comme le montre la coupe *(Planche III)* une poussée horizontale du sud vers le nord à la tête du gisement est cause de l'allure en cuvette des couches supérieures, puis des failles brisent les terrains avoisinants, de sorte que, l'approfondissement commencé dans les terrains tourmentés en toit des failles, se continua, après les failles traversées, dans les terrains tourmentés au mur de ces mêmes failles et toute la hauteur foncée ne recoupa que des veines brouillées.

On n'ouvrit qu'un seul étage d'exploitation, au niveau de 395 mètres, laissant 180 mètres de hauteur de puits inexplorée. On agissait prudemment au point de vue des dépenses, puisque le puits n'avait rien donné de bon. Les galeries en travers bancs de ce niveau rencontrèrent de belles veines, assez régulières ; un second niveau fut alors établi à 420 mètres de profondeur, où les mêmes veines sont recoupées.

Tous ces travaux allaient enfin donner de bons résultats quand, le 7 juin 1873, à cinq heures et demie du soir, une épouvantable explosion se produisit : le grisou avait pris feu dans la fosse pendant que l'on exhaussait le cuvelage pour empêcher l'invasion des eaux qui, cette année, ont atteint, dans le bassin du Pas-de-Calais, des niveaux que, de mémoire d'homme, on n'avait rencontrés. Le sous-ingénieur, deux surveillants et quatre ouvriers ont péri. Tout le guidage intérieur fut démoli ainsi que la cloison d'aérage ; les pièces de cuvelage nouvellement posées, bougèrent et livrèrent passage à l'eau, jusqu'à ce que le niveau fût déchargé. Enfin, les exploitations des niveaux inférieurs furent complètement noyées et l'eau monta dans la fosse, recouvrant les malheureuses victimes et les débris de toutes sortes.

La réparation du puits, après un tel accident, et sa remise en exploitation, présentaient de sérieuses difficultés ; néanmoins cette réparation fut attaquée et menée à bonne fin ; des accrochages nouveaux à 270 mètres, à 312 mètres et à 354 mètres, intermédiaires entre ceux de 215 et de 395 mètres, sont percés et les galeries à travers bancs, marchant à la rencontre des veines, promettent d'heureux résultats, où les exploitants trouveront enfin la juste rémunération de tant de déboires et d'ennuis.

A l'époque où avait lieu l'approfondissement de la fosse N° 2, en 1867 et 1868, à la fosse N° 1 *(Planche II)*, on fonçait un puits intérieur, à 488 mètres au sud du puits principal, dans la bowette du niveau de 194 mètres, pour ouvrir des travaux à des niveaux inférieurs. Deux étages d'exploitation à 238 et à 267 mètres y sont percés et on a

Mines d'Auchy-au-Bois

Pl. III

Coupe suivant les Bowettes de la Fosse N.º 2. Echelle $\frac{1}{500}$.

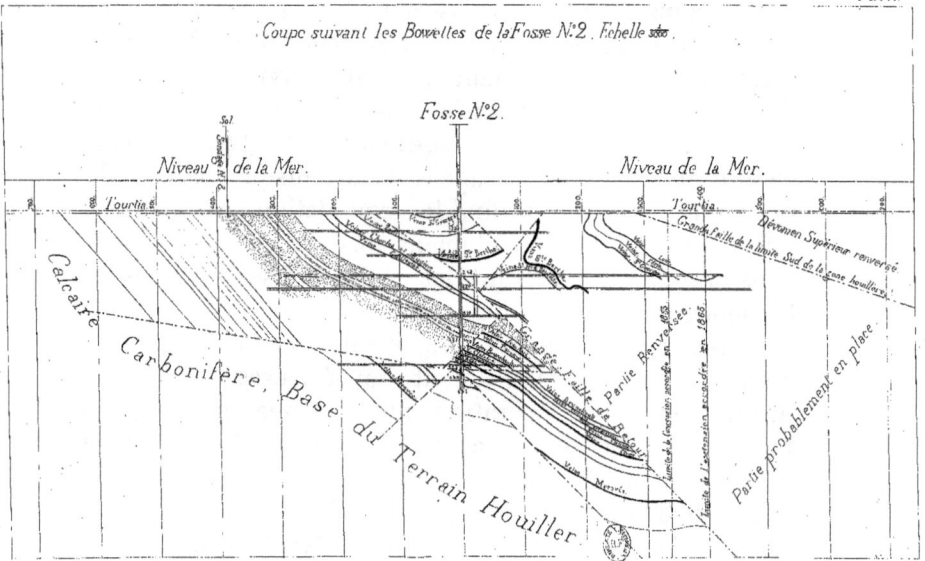

Fosse N.º 2.

Niveau de la Mer.   Niveau de la Mer.

Sol

Tourtia   Tourtia

Calcaire Carbonifère, Base du Terrain Houiller

Grande Faille de la limite Sud de la zone houillère.

Dévonien Supérieur renversé.

Partie probablement en place

Partie Renversée

P. Douiller Sculp.   L. Breton del.

rencontré par les galeries à travers bancs, les veines déjà
connues aux niveaux supérieurs et en belle allure.

Nous ajouterons, pour terminer, qu'une troisième fosse
est en creusement à 1,100 mètres au sud du N° 1, pour
exploiter les ressources aménagées à ce puits et qu'elle
est arrivée au terrain houiller, et qu'une quatrième fosse
est commencée pour relier les travaux du N° 2 avec ceux
du N° 3.

Avant d'attaquer l'étude du gisement au point de vue
vraiment géologique, nous allons d'abord décrire suc-
cinctement les veines connues à chaque fosse; elles sont
indiquées sur les coupes, nous verrons ensuite comment
nous avons pu les relier entre elles.

DESCRIPTION DES VEINES DU TERRAIN HOUILLER D'AUCHY-AU BOIS.

Le calcaire inférieur, base du terrain houiller, ayant
été rencontré à la fosse N° 1, dans le puits même, et à la
fosse N° 2, à 205 mètres du puits, dans la galerie à
travers bancs du nord, niveau de 395 mètres, nous
pouvons commencer la description par la base, c'est-à-dire
par les couches formées les premières; c'est, du reste,
l'ordre chronologique naturel de formation.

Fosse N° 1.

La première couche formée immédiatement sur le calcaire carbonifère est un schiste fossilifère ayant la pâte
d'un schiste houiller et les fossiles du calcaire carbonifère,
c'est-à-dire que la grande formation houillère commença,
alors que la faune du calcaire carbonifère n'était pas
encore éteinte.

Ce schiste est en stratification rigoureusement concordante avec le calcaire, dans le creusement de la fosse, l'inspection seule eût pu faire supposer la concordance du ter-

rain houiller avec le calcaire carbonifère. Cette observation, d'une grande importance, ne fut pas faite, et ce ne fut que plus tard, comme nous le verrons ci-après, que cette détermination capitale, au point de vue de l'étude et de l'exploitation du bassin houiller d'Auchy-au-Bois, a été résolue.

Le millstone grit, qui, en Angleterre, est interposé entre le calcaire et le terrain houiller, est donc absent à Auchy-au-Bois ; pendant son dépôt chez nos voisins, il est probable qu'aucun phénomène sédimentaire ne se produisit chez nous.

Après le schiste fossilifère, qui n'a qu'une épaisseur de quelques mètres, vient un schiste très-homogène, d'un beau noir, d'une pâte fine, piqué de points de pyrite et quelquefois de gros nodules de pyrites ; ce schiste correspond à l'assise de l'ampélite alumineux, base du bassin belge. En Belgique, autrefois, ces schistes étaient employés pour fabriquer l'alun.

Après les schistes pyriteux, on trouve le véritable terrain houiller avec tous ses caractères, c'est-à-dire que, à part quelques nodules pyriteux que les terrains des trente premiers mètres renferment encore, et la nature un peu pyriteuse des premières couches combustibles, provenant de ce que les conditions nécessaires pour former la couche d'ampélite alumineux n'avaient sans doute pas encore disparu, les autres caractères sont identiques avec ceux des couches houillères formées les dernières.

Veinules de l'Abbraque. — Ainsi nommées parce qu'elles ont servi à faire l'abbraque ; ce nom est donné à une galerie horizontale creusée au fond du puisard de la fosse pour augmenter la capacité du réservoir d'eau. La première veinule a $0^m 10$ et la seconde $0^m 20$; la distance qui les sépare est de $2^m 10$. Il n'y a rien de particulier dans le toit et le mur.

Petite Veine. — Est formée d'un sillon unique de 0ᵐ 50, recouvert de 0ᵐ 30 de schistes tendres.Elle a été exploitée à l'origine pour fournir un peu de charbon aux chaudières. A 3 mètres dans le toit, on trouve une passée d'escaillage.

Veine méconnue. — Cette petite veine, d'un sillon unique de 0ᵐ 40, a été rencontrée la première dans la fosse, sous le tourtia, puis dans les deux galeries, à travers bancs du sud, et, dernièrement, au fond du puits intérieur, par la bowette du nord. Elle ne paraît pas exploitable.

Veine Saint-Antoine. — Est formée en deux sillons séparés par 0ᵐ10 de schistes; celui du toit a 0ᵐ20 et celui du mur 0ᵐ40. Le charbon du sillon du toit est formé de couches de 0ᵐ 02 d'épaisseur, avec barres pyriteuses; le charbon du sillon du mur, est, au contraire, très-marchand.

Veine Maréchale. — Est une des belles veines du Pas-de-Calais. Comme son nom l'indique, le charbon est propre à la forge; il a même des qualités supérieures pour cet usage. Il est aussi recherché pour le chauffage industriel. Il est menu, mais d'une grande pureté; l'absence de gailleteries le déconsidère, à première vue, mais le chauffeur ne tarde pas à apprécier sa valeur. Cette veine a été, jusqu'ici, la plus grande ressource de la fosse Nᵒ 1; elle a offert des parties assez régulières, indiquées sur la coupe et le plan (*Pl. IV*). Elle est formée de deux sillons séparés par une épaisseur variable de schistes, depuis 0ᵐ02 jusqu'à 0ᵐ20 et même davantage. Le sillon du toit, de

0^m40 d'épaisseur, donne un charbon très-beau, dans lequel on croirait reconnaître les fibres des plantes qui l'ont formé. Le sillon du mur, de 0^m70, est, au contraire, beaucoup moins pur et généralement terne et tendre ; il est, néanmoins, toujours mélangé avec le charbon du sillon supérieur. Le toit de la veine Maréchale est peu riche en empreintes. J'y ai recueilli : *le Calamites suckowi, le Sphenopteris chærophylloïdes, le Calamocladus equisetiformis* (Pl. VI) *ou branches des Calamites, des Pinnularia* (Pl. VI) *ou racines de Calamites.* Toutes ces plantes font partie de la flore du bassin d'Hardinghen.

Veine Espérance. — Formée assez généralement de deux sillons de 0^m30, séparés par une épaisseur de 0^m80 de schistes durs. Cette épaisseur, par trop considérable, a le plus souvent empêché son exploitation. Le charbon est fort beau et très-pur ; les grès, au toit, reposent souvent sur la veine.

Veine à trois sillons. — Cette veine est la réunion de trois veines qui ont même été exploitées séparément. La première a 0^m50, la seconde 0^m30, et la troisième est en deux sillons de 0^m30 chacun, séparés par 0^m60 de schistes. C'est encore un exemple d'une épaisseur en charbon de 1^m40, qui serait exploitable si les distances relatives des trois couches étaient moins grandes.

Veine de 0^m40. — N'offrant rien de remarquable ; exploitée en certains points où elle avait 0^m60. Le charbon renferme des parties ternes de la nature du fusain.

Neuroptéris hetérophylla.

Pécoptéris.

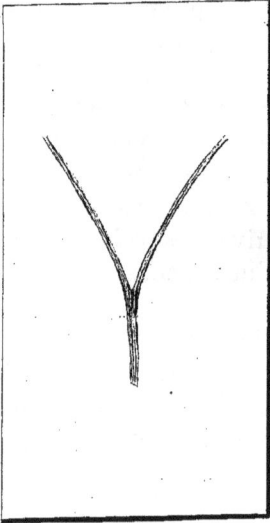

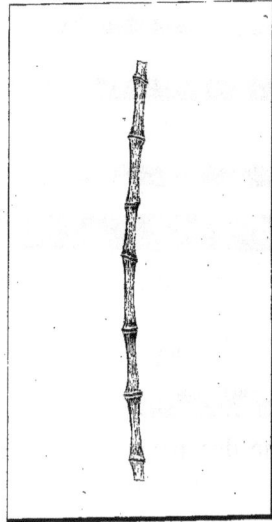

L.Breton del.

Veine Saint-Augustin. — Elle est la seconde belle veine du faisceau connu au N° 1. Elle est formée de trois sillons de charbon, qui sont disposés comme suit : en partant du toit, charbon, 0^m40; schistes, 0^m05.; charbon, 0^m40; schistes, 0^m10; charbon, 0^m80. Malgré de si belles conditions, elle a été peu exploitée; on l'a perdue dans les accidents de terrain et sur d'autres points elle a été rencontrée dans le voisinage des failles, dans de mauvaises conditions; depuis un an, elle est l'objet d'une exploitation qui donne tous les jours les plus belles espérances.

On croyait que la veine Saint-Augustin était la dernière veine pouvant exister dans le puits N° 1. Au-delà, les travers bancs du midi ont été peu poussés, dans la crainte de rencontrer le retour du calcaire, qui était, et est encore pour certains exploitants, le grand danger à redouter, en s'avançant trop au sud, ou bien, ce qui paraît résulter de l'inspection des travaux, on devait être gêné dans l'aérage à une trop grande distance de la fosse. Depuis, les vieux travaux de recherches au midi ont été repris et poussés activement vers la fosse N° 3, placée sur la lèvre sud de la zône houillère. Ces travers bancs rencontrent les veines connues au midi de la fosse N° 2 et dont nous parlerons ci-après; plus un faisceau de veines supérieures encore, d'une grande richesse, dont l'étude sera faite dans un supplément à ce travail.

FOSSE N° 2.

La base du terrain houiller a été atteinte par la bowette du nord, niveau de 395 mètres, à 205 mètres du puits; on a successivement traversé : l'ampélite alumineux, les schistes fossilifères, puis le calcaire pétrid'encrines. Contrairement à ce qui est arrivé à la fosse N° 1, le contact du calcaire avec le terrain houiller n'a pas donné une goutte d'eau ; on s'est arrêté prudemment, car, quelques mètres au-delà, on eût peut-être trouvé assez d'eau pour noyer la fosse. J'ai pu visiter les différentes couches de la base dans cette galerie et j'ai constaté leur parfaite concordance. Les débris sont encore sur le carreau. MM. Gosselet et Barrois, qui les ont vus, ont recueilli les fossiles suivants : *Orthoceras goldfussianum*, *Nautilûs subsulcatus*, *Leda attenuata*, *Arca Lacordairiana*, *Arca arguta*, *Arca élégans*, *Avicula papyracea*, *Spirifer glaber*, *Spirifer trigonalis*, *papyracea Productus semireticulatus*. Rencontré aussi à la fosse N° 3 de Carvin, dans la couche de schistes à fossiles : *Productus Carbonarius*, *Productus Marginalis*, *Poteriocrinus*.

Deux Veinules. — La première couche de houille est une passée de 0ᵐ 10, ayant toit et mur, n'offrant rien de particulier ; deux mètres, plus haut, on en trouve une seconde en deux sillons de 0ᵐ 10 chacun, séparés par 0ᵐ 05 de schiste. Cette seconde passée n'offre non plus rien de particulier.

Veine Mérovée.— Formée d'un sillon de 0ᵐ 50 massif, dur, donnant du beau charbon ; recouvert de 0ᵐ 30 de schistes ébouleux tombant avec la veine dans l'abattage. Le toit renferme de petits nodules de pyrites.

A quelques mètres au-dessus se trouve une passée d'escaillage.

Passée de 0ᵐ 10. — Peu appréciable aux niveaux de 395 mètres et de 420 mètres, à cause du voisinage de la faille.

Veine sans nom. — On a pu distinguer deux sillons ;

mais, pour les mêmes causes que ci-dessus, on n'a pu apprécier sa valeur.

Passée de 0^m20. — Rencontrée par la bowette du midi, niveau de 420 mètres; n'a offert rien de particulier.

Veine Clovis. — A été recoupée par les deux bowettes du midi, niveaux de 395 mètres et de 420 mètres; elle est formée de deux sillons; celui du mur a 0^m80 et celui du toit a 0^m20, séparés par 1^m de schistes. Cette veine a été un peu exploitée et ce n'est que l'abondance du grisou qui a forcé d'arrêter les travaux en 1872.

Veine Clotilde. — Est aussi en deux sillons; ils sont égaux et ont chacun 0^m30 séparés par 0^m10 de schistes; comme la précédente, elle a été exploitée et l'exploitation a été arrêtée pour les mêmes raisons.

Veine Frédégonde. — A eu une exploitation plus importante, surtout au niveau de 395 mètres; elle est formée d'un sillon de 0^m60 donnant beaucoup de gailleteries. Le toit renferme comme empreintes : *le Neuropteris heterophylla* (Pl. VII), *le Neuropteris auriculata* (Pl. VIII, fig. I et IV).

Veine Clotaire. — Comme la précédente, elle a aussi 0^m60, en un seul sillon, mais le charbon est moins dur; cette veine n'est éloignée que de trois mètres de la veine Frédégonde et d'autant de la veine Brunehault.

2

Veine Brunehault. — Formée de deux sillons de beau charbon, de 0^m30 chacun, séparées par 0^m20 de schistes durs et 0^m20 d'escaillage. Cette veine a été l'objet d'une exploitation fructueuse au niveau de 395 mètres; l'abattage est plus facile qu'aux veines précédentes.

Veine Turenne. — De 0^m50 en un seul sillon; a été un peu exploitée, au niveau de 395 mètres, par la bowette de midi. Le toit et le mur n'offrent rien de particulier.

Veine Jean-Bart. — En deux sillons; l'un de 0^m20 et l'autre de 0^m80, séparés par 0^m10 de schistes. A 0^m40 dans le toit, apparaît souvent un troisième sillon de 0^m20. Comme on le voit, c'est une très-belle veine et dans dans des conditions fort avantageuses. Ces dix couches vont être rencontrées au nord par les bowettes des niveaux de 248, 270, 312 et 354 mètres, dans d'excellentes conditions d'exploitation. Au-dessus de la veine Jean-Bart, on rencontre trois petites passées, puis des Cuerelles divisées en cinq bancs.

La base du troisième banc de Cuerelles est formée, sur un mètre d'épaisseur, d'un grès blanc à gros grains, très-remarquable. Ces bancs de grès ou Cuerelles, très-durs, ont 90 mètres d'épaisseur et ont retardé de deux années le recoupage des veines ci-dessus.

Cinq passées. — On trouve ensuite cinq passées, dont aucune n'a été exploitable au point où on les a rencontrées.

Trois passées. — Après un petit banc de grès, on trouve encore trois passées. Le toit de la deuxième renferme une empreinte voisine du *Sphenopteris irregularis*.

Veine Guillaume. — D'une épaisseur très-variable, mais le plus souvent en deux sillons ; celui du mur a 0^m50 et celui du toit 0^m40 ; les schistes intercalés prennent quelquefois une épaisseur trop grande, de 0^m80 à 1^m, pour rendre l'exploitation avantageuse. Le charbon est fort beau et rentre dans la catégorie des *flenus*, c'est-à-dire des *houilles sèches à longues flammes*.

Deux passées. — Après la veine Guillaume, on rencontre deux passées.

Veine Charles. — A quatre mètres au toit de la veine Guillaume ; cette veine est peu connue ; où on l'a rencontrée, elle présentait un sillon de 0^m60 d'épaisseur de charbon tendre.

Veine Eugène. — A un mètre au-dessus de la veine Charles ; est formée d'un seul sillon de 0^m40 de puissance, mais de fort beau charbon. Le toit est solide, en beaux schistes, mais peu d'empreintes.

Passées. — Au-delà, on rencontre quelques passées.

Veine Zoé. — Est une belle veine, de 0^m70, en deux sillons juxtaposés et ayant souvent un toit de grès ; ce sont des conditions très-favorables à une exploitation économique. Après le toit de grès de la veine

Zoé, on ne connaît pas les couches qui le superposent immédiatement, une grande faille, dite de retour, dont nous parlerons plus loin, venant tout arrêter; nous sommes forcés de laisser ici une lacune, car les autres veines connues sont de l'autre côté de la faille; elles appartiennent donc à un niveau géologique de formation supérieure. Ces dernières veines étant jusqu'ici rencontrées renversées par la bowette du midi, niveaux de 248, 270 et 312 mètres, c'est par la plus élevée que nous devons continuer la description, car elle est, de toutes les veines connues, la veine la plus rapprochée de la veine Zoé.

Veine Louis. — A 0^m55 de puissance en un magnifique sillon de charbon donnant à l'analyse :

Carbone . . . . . 57.90 ⎫
Matières volatiles. . 37.90 ⎬ 100.00
Cendres. . . . . . 2.50 ⎭

Cette veine est rencontrée deux fois, et, la seconde fois, elle est en dehors de la concession. (On la recoupe une troisième fois, avec pente au sud.)

Veine Férin. — A 0^m40 de puissance; n'offre rien de particulier.

Veine de Saint-Georges. — Est une des plus belles veines de la concession d'Auchy-au-Bois; elle est formée d'un sillon de charbon de 1^m à $1^m 20$, très-beau; un filet de schistes, de l'épaisseur d'un sou, passe au milieu de la veine.

A l'analyse, on a trouvé :

Carbone . . . . . . 61.00 ⎫
Matières volatiles. . 32.33 ⎬ 100.00
Cendres . . . . . 6.66 ⎭

Passées. — Après la veine St.-Georges, on rencontre quelques passées de charbon.

Veine Sainte-Berthe. — Est la plus puissante des couches de houille connues à Auchy-au-Bois et n'est cependant pas exploitable, tant à cause de la nature terreuse du charbon que de la grande épaisseur des schistes intercalés dans les quatre sillons de houille.

Il est assez difficile de donner son épaisseur, qui est très-variable ; dans les parties les plus régulières, elle est de trois mètres, ainsi formée en partant du toit : charbon, 0^{m}40 ; schistes, 0^{m}40 ; charbon, 0^m 40 ; schistes, 0^m 30 ; charbon tendre, 0^m 70 ; schistes, 0^{m}40 ; charbon lourd, 0^{m}40.

Veine St-Jean-Baptiste. — Malheureusement rencontrée jusqu'ici près des accidents, car elle paraît offrir des avantages sérieux d'exploitation ; elle est formée de deux sillons égaux de 0^m 50 d'épaisseur et séparés par 0^m 10 de schistes.

Après la veine Saint-Jean-Baptiste, on rencontre une série de veinules et de petites veines de 0^{m}40 à 0^{m}50 donnant un charbon *très-flambant* ; mais pour juger de ces veines et même de celles que nous venons de décrire depuis la veine Louis, il faut attendre de trouver les plateures, nul doute que, dans ces conditions, plusieurs de ces veines ne soient d'une exploitation très-avantageuse.

Au-delà de la veine Louis, le terrain houiller est inexploré. On ignore l'épaisseur de terrain qui sépare cette veine de la veine Zoé ; on ignore aussi quelles sont les veines qui sont supérieures à la veine St-Jean-Baptiste. Je crois cependant que ces veines sont en exploitation à la fosse N° 1 de Ferfay, et aux fosses de Marles, mais il n'y a pas de doute qu'à Auchy-au-Bois on ne trouve encore plusieurs veines en s'avançant au Sud.

Comme on peut en juger par ce court aperçu, les veines sont nombreuses à Auchy-au-Bois, quelques-unes sont même fort belles, et si cette étude ne devait rester dans le domaine purement géologique, il serait intéressant d'étudier les causes d'insuccès de ce charbonnage, qui ne s'est soutenu que par les plus grands efforts de ses premiers actionnaires, toujours restés fidèles à l'entreprise, et qui méritent bien de trouver un jour, la récompense de tant de persévérance.

Pendant longtemps on s'est fait une idée fausse du gisement, on a cru à une discordance de stratification avec le calcaire carbonifère, ou, si l'on veut, on supposait que les couches houillères s'étaient formées horizontalement dans une mer dont les deux rives étaient calcaires, et par conséquent on a cru à l'existence de veines exploitables sous les passées de l'abbraque, au Sud et en profondeur. Une autre erreur a été d'assimiler le gisement d'Auchy-au-Bois à un U très-ouvert (⋃), de sorte que le calcaire du nord devait se retrouver au sud: l'allure des couches dans le voisinage du N° 2 le faisait croire, comme nous l'avons dit plus haut. Enfin, les premiers insuccès ayant jeté le découragement, on ne travailla plus que sur une échelle très-restreinte, par tâtonnement; on rejetait ces idées d'ensemble, ces travaux combinés sur une large base qui permettent seuls d'obtenir, un jour, une exploitation économique et rémunératrice.

Une étude plus approfondie a démontré les véritables conditions du gisement. La confiance est ensuite revenue et elle s'est maintenue, malgré de terribles accidents. Aujourd'hui, les travaux entrepris et près d'arriver à bonne fin, vont rendre possible une production en rapport avec la richesse de la concession.

RELATIONS ENTRE LES FOSSES Nº 1 ET Nº 2.

Aussitôt que, dans une concession houillère, plusieurs fosses sont percées et le terrain houiller attaqué en différents endroits, l'exploitant doit chercher, en s'aidant de la comparaison de l'ensemble des terrains traversés, de la composition chimique des charbons des veines, et des caractères que peuvent lui fournir la nature des toits et des murs à relier et à classer les veines de chaque fosse. Au lieu de travaux de recherches faits au hasard et par tâtonnement, on peut leur donner une marche sûre, éviter bien des difficultés d'aérage, prévoir les meilleurs modes de transport et préparer des réserves ; ce n'est qu'à ces conditions que les exploitations difficiles, comme celles d'Auchy-au-Bois, arrivent à donner de bons résultats.

Pour Auchy-au-Bois, on comprend de suite l'importance de cette étude, elle indique où sont, à la fosse Nº 2, les belles veines du Nº 1, et réciproquement.

Dans plusieurs mines du Pas-de-Calais, telles que Billy-Montigny et Méricourt (Compagnie de Courrières), Nº 1 et Nº 4 (Compagnie de Lens), les fosses étant communiquées par une galerie dans la même veine, on a eu un point de départ pour relier entre elles les veines supérieures à cette veine et celles inférieures ; mais la grande distance (1,940 mètres), qui sépare les deux premières fosses d'Auchy-au-Bois, ne permet pas d'attendre que cette communication soit établie pour relier entre eux les deux faisceaux de veines en exploitation au Nº 1 et au Nº 2. Il a fallu chercher une autre base de comparaison et j'ai pris la suivante :

Le calcaire carbonifère sur lequel repose la formation

houillère est rencontré à la fosse N° 1, dans le puits même, à 201 mètres de profondeur ; à la fosse N° 2, à 205 mètres au nord du puits, dans la galerie à travers bancs, niveau de 395 mètres. Les 200 premiers mètres de terrain houiller à la fosse N° 1 sont parfaitement connus, ils comprennent les différentes couches, depuis le calcaire jusqu'à la veine Saint-Augustin ; les 200 premiers mètres, à la fosse N° 2, sont aussi bien connus ; ils comprennent les couches depuis le calcaire jusqu'à la veine Jean-Bart. Pour comparer entre elles ces deux épaisseurs de terrain houiller, explorées à 1,940 mètres de distance, nous allons supposer que le calcaire, qui forme la base du terrain houiller, était au même niveau aux deux fosses quand la formation houillère commença.

En partant donc du calcaire et mettant en regard dans deux colonnes séparées (*Pl. V*) toutes les couches, soit de grès, soit de schistes, soit de houille, on remarque un ordre presque parfait de formation ; les alternances sont les mêmes à chaque fosse, les épaisseurs de chaque dépôt sont seulement variables, mais la variation n'est pas tellement grande qu'elle soit une objection sérieuse aux conclusions que je veux en tirer. Du reste, quand on suit une exploitation dans deux veines superposées, on observe ces différences de distance, et à plus forte raison quand les points de comparaison sont éloignés de près de 2,000 mètres, l'objection est encore moins sérieuse.

Par cette comparaison, j'arrive aux conclusions suivantes : La veine *Mérovée*, du N° 2, n'est autre que la *petite veine* du N° 1 ; la veine *Sans Nom* et la *Passée* de 0ᵐ10 sont les veines *St-Antoine* et *Méconnue* ; la veine *Clovis* est la veine *Maréchale* ; la veine *Clotilde* est la veine *Espérance* ; les veines *Frédégonde*, *Clotaire* et *Brunehault* sont la veine à *trois sillons*. Enfin, les veines *Turenne* et *Jean-Bart* sont les veines de 0ᵐ40 et *St-Augustin*.

Nous sommes partis de l'hypothèse que le dépôt houiller commença en même temps aux deux fosses N° 1 et N° 2,

Mines d'Auchy-au-Bois.

Relations entre les Veines

des Fosses Nᵒˢ 1 et 2

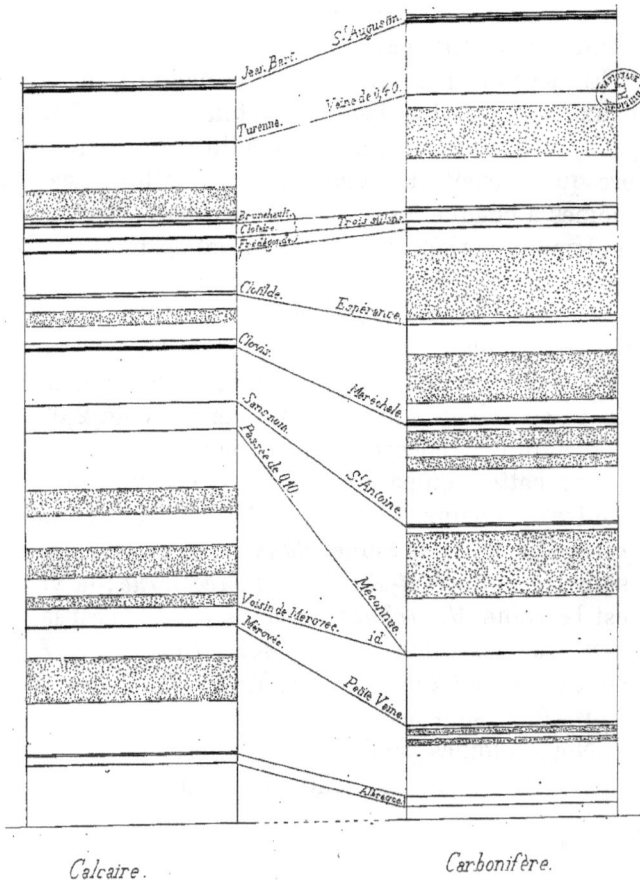

St Augustin.
Jean Bart.
Veine de 0,40.
Turenne.
Brunehault.
Clotilde.
Frédégonde.
Trois sillons.
Clotilde.
Espérance.
Clovis.
Maréchale.
Samson.
Faisceau de 0,40.
St Antoine.
Mécanique.
Voisin de Mérovée.
id.
Mérovée.
Petite Veine.
Afreuse.

Calcaire.

Carbonifère.

Supperposition des couches houillères rencontrées dans les travaux.

P.Duvillier sculp.

L.Breton del.

pour établir la comparaison entre les couches de houille de ces deux fosses, cette comparaison étant concluante, nous pouvons donc affirmer que l'hypothèse était exacte, et tirer cette conclusion importante, à cause de la différence de niveau des points où le calcaire carbonifère a été touché : *Que sur la concession d'Auchy-au-Bois* (partie comprise entre les deux fosses), *le terrain houiller est en stratification concordante avec le calcaire de la base.* En ayant égard au parallélisme, nous pouvons tracer sur la coupe de chaque fosse le fond du bassin houiller modifié par les accidents postérieurs. Cette concordance de stratification du calcaire et du terrain houiller, constatée dans la partie comprise entre les deux puits d'Auchy-au-Bois, n'implique pas qu'il en soit ainsi sur toute la longueur du bassin. Je crois, au contraire, qu'avant la formation houillère, la surface carbonifère était bosselée, et pour ce qui est des concessions de l'Ouest, telles que Marles, Ferfay, Auchy, je crois que le fond de la mer houillère était incliné vers l'Est, de manière qu'à mesure que la formation s'élevait, le rivage gagnait à l'Ouest.

A cause de la connaissance d'un plus grand nombre de veines à la fosse N° 2, on peut prendre les veines supérieures à la veine Jean-Bart et les tracer sur la coupe de la fosse N° 1, supérieures à la veine Saint-Augustin ; elles viennent occuper des positions non explorées et compléter le faisceau.

C'est sur la totalité des veines, et dans la meilleure situation pour les exploiter, qu'ont été placées les fosses N° 3 et N° 4, en creusement en ce moment.

Il y a encore bien d'autres conséquences à tirer de cette étude ; les plus frappantes sont :

1° Que les failles ou rejets, naturellement postérieurs aux deux formations houillères et du calcaire-carbonifère, affectent le calcaire comme le terrain houiller ;

2° Qu'il est inutile de chercher des veines exploitables

sous les veinules de l'abbraque ; on n'y rencontrera jamais que le calcaire carbonifère, souvent même aquifère.

ÉTUDE DES FAILLES DU GISEMENT D'AUCHY-AU-BOIS.

Les failles jouent un rôle très-considérable dans l'exploitation d'un gît houiller ; elles sont souvent une des principales causes de l'élévation du prix de revient, et, au début des travaux d'une mine, elles dérangent les combinaisons les mieux étudiées.

Leur étude est quelquefois fort difficile : il faut déterminer d'abord, leur sens de plongement, les traces horizontales aux différents niveaux d'exploitation, leurs instersections avec les veines et enfin les effets produits, dont le principal est le transport de la veine sur une certaine distance. On peut dire que les traversées des failles pour la recherche des veines sont de vrais problèmes de géométrie descriptive, et c'est surtout pour l'exploitant de mine, qu'on peut appeler cette science, la science de l'ingénieur.

Quel que soit le point du bassin du Pas-de-Calais où l'on fasse une coupe en travers, du nord au sud, on remarque un certain rapprochement avec une coupe type, surtout si on ne tient pas compte des petites failles et des mouvements secondaires.

La coupe type aurait la forme ci-contre :

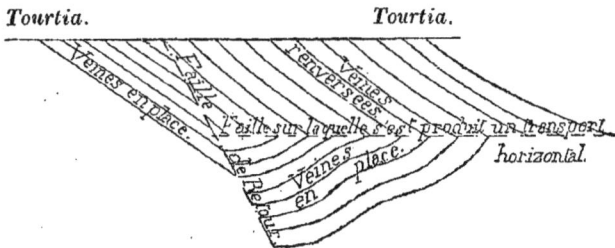

Plan des Travaux des Mines d'Auchy-au-Bois. Échelle. $\frac{1}{20000}$.

Pl.IV.

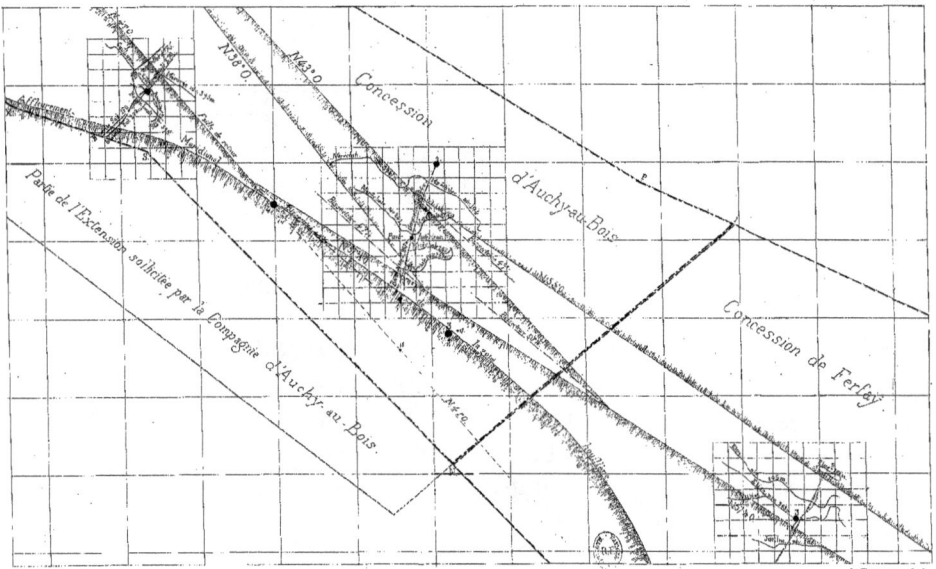

Concession

d'Auchy-au-Bois

Concession de Ferfay

Partie de l'Extension sollicitée par la Compagnie d'Auchy-au-Bois.

P.Duviller sculp.

L.Breton del.

1° Une faille dite de retour, inclinée au sud, au nord de laquelle on trouve des veines en place avec pente au sud ; ces veines sont plus ou moins affectées par de petites failles, des crains, ou des mouvements qui ont changé leur direction ;

2° Au sud de cette faille de retour, on trouve, tantôt, immédiatement sous le tourtia, des terrain en place, mais le plus souvent des terrains renversés affectés de failles nombreuses et de crains très-rapprochés ;

3° Il n'est pas rare de rencontrer, dans cette partie sud, une faille sensiblement horizontale, plus ancienne que la faille de retour, c'est-à-dire dont le niveau était primitivement plus élevé, sur laquelle s'est produit une poussée horizontale vers le nord de la partie supérieure. C'est ce qu'on constate au puits Mulot, d'Hénin-Liétard ;

4° Enfin, sans cette faille, on trouve des couches en place à faible pente ; vers le sud, ces couches prennent une pente nord.

Dans cet ensemble, les couches les plus récentes, sont les couches renversées, puis celles énumérées au (4°) et les plus anciennes, les veines au nord de la faille de retour.

Les fosses Mulot de la Cie de Dourges, N° 1 de la Cie de Liévin, N° 1 de la Cie de Bully-Grenay, N° 4 de la Cie de Nœux et N° 2, de la Cie d'Auchy-au-Bois, occupent, dans le bassin, des positions qui permettent d'y reconnaître la coupe type.

A la fosse N° 2 d'Auchy-au-Bois, la faille de retour a une pente de 45° au sud et une direction de N. 41° O *(Pl. III et IV)*. Elle traverse le puits à 245 m. de profondeur ; elle vient passer au sud des fosses N° 4 et 3 de la même Compagnie, au sud, aussi, de toutes les fosses de Ferfay et même au sud de la fosse de Cauchy-à-la-Tour ; à ce dernier puits les veines exploitées sous les terrains anciens de recouvrement sont en place.

Au niveau du tourtia, et sur les concessions de l'ouest

du bassin, cette faille a presque la même direction que la chaussée Brunehault d'Arras à Thérouane, et se trouve dessous verticalement.

Elle coupe en diagonale la concession d'Auchy-au-Bois; ce doit être elle qui passe au nord du bassin houiller d'Hardinghen, dont les veines correspondraient à celle du (4°). Plus à l'ouest, elle formerait la limite sud du bassin de Ferques; à Hardinghen, son importance serait de 600 mètres environ.

Au puits Mulot de la Cie de Dourges, la faille de retour a une direction N 82° O.

Au puits N° 1 de Liévin, en allant sur les puits jumeaux N° 3 et N° 4, la faille a une direction N 75° O.

A Hardinghen la direction serait N 68° 1/2 O.

Si c'est la même faille, à Auchy, à Nœux, à Bully-Grenay, à Liévin, à Dourges, à Hardinghen, à Ferques, elle serait rejetée tantôt vers le nord, tantôt vers le sud par des failles postérieures, en même temps que sa direction se modifierait aussi.

L'axe du puits N° 2 rencontre encore, à 372 mètres, une faille inclinée au nord, à 402 mètres, une faille sensiblement horizontale, sur laquelle se continue le mouvement vers le nord commencé sur la faille précédente; enfin, à 403 mètres, cet axe rencontre une faille inclinée au sud, sur laquelle les couches s'enfoncent au midi, de la même importance qu'elles s'étaient enfoncées au nord.

Ces dérangements expliquent le temps très-long qui a été nécessaire pour mettre la fosse N° 2, en véritable exploitation, car il a fallu traverser d'abord, outre les failles, les terrains pauvres en veines, presque stériles, qui séparent les faisceaux de veines exploitables, avant de recouper ceux-ci.

Le nord de la fosse N° 2 est d'une grande régularité, on n'y connaît pas de failles et les couches vont courir entre les puits N° 2 et N° 4, sans dérangement. Le sud de la fosse N° 2, exploré seulement, aux niveaux supérieurs, dans la partie renversée qui a été comme tamisée en se retournant sur elle-même, est affecté par des crains, serrages, renflement de veine très-rapprochés.

En profondeur, les veines seront en place et certainement régulières, elles occuperont leur position par ordre de formation, et nul doute qu'il doit exister de grandes richesses dans cette partie.

A la fosse N°1, on connaît quatre grandes failles (*Pl. II et IV*) :

1° La première passe au tourtia a 760 mètres au midi du puits, son inclinaison est de 75° au sud, sa direction N 57° 1/2 O, elle vient s'arrêter à la faille de retour un peu à l'ouest de la fosse N° 4. Au N° 1, elle enfonce les couches de plus de cent cinquante mètres au midi, c'est à cause d'elle que la bowette du midi, niveau de 267 mètres, n'a pas recoupé les veines à 3 sillons de 0,40 et St.-Augustin.

Cette faille continue sur la concession de Ferfay et passe au tourtia, à 37 mètres au sud du puits N° 3 de cette.C^le, avec une inclinaison sud de 73°. C'est dans la partie de la veine Élise, à ce puits, comprise entre la voie de fond du couchant, niveau de 243 mètres et cette faille, que l'on a installé l'exploitation en vallée avec traction mécanique ;

2° A 690 mètres au sud du puits N° 1, au niveau du tourtia, passe une faille d'inclinaison de 50° au nord, de direction N 38° O ; elle vient s'arrêter à la précédente à l'est des bowettes du N° 1, et vient passer à 650 mètres au nord du puits N° 2, dans le calcaire du nord. C'est cette faille qui sépare les travaux de la quatrième branche, veine Maréchale, de ceux de la troisième branche. C'est contre elle que les travaux dans la veine Maréchale couchant, niveau de 194 mètres sont arrêtés depuis 1868, ainsi que ceux, dans la même veine, niveau de 241 mètres depuis 1872 ;

3° A 260 mètres au midi du puits N° 1, niveau du tourtia, se trouve la trace d'une faille inclinée au sud de 46°, mais cette inclinaison diminue en profondeur; la direction est N 43° O. Sur cette faille le mouvement des terrains n'a pas suivi la règle ordinaire (*Fig. I*) mais la règle contraire (*Fig. II*).

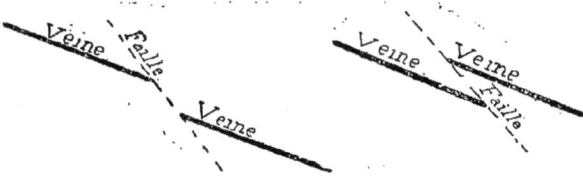

C'est une exception qui se rencontre à Nœux, et à la fosse N° 2 d'Hénin-Liétard pour la veine Ste.-Cécile, près du puits. Cette faille vient aussi s'arrêter à la première du N° 1, vers le levant, mais elle entre néanmoins sur la concession Ferfay.

Dans les travaux du N° 1 d'Auchy, elle sépare la troisième branche de la veine Maréchale, de la veine Maréchale (nord);

4° Enfin, à 240 mètres au sud du puits N° 1, niveau du tourtia, on reconnaît une faille d'inclinaison 81° au nord, de direction N° 55° O, relevant les veines de 35 mètres sur la coupe passant par les bowettes; elle s'arrête à la précédente à l'ouest du N° 1.

A l'est elle se continue sur la concession de Ferfay et vient passer au niveau du tourtia à 310 mètres au nord du N° 3 de cette C°, avec pente de 72° au nord; elle ramène en fond de bateau, devant la bowette du nord, niveau de 205 mètres, la veine Élise trouvée en arrière à 140 mètres au nord de ce puits.

Dans les travaux de la fosse N° 1 d'Auchy, cette faille

sépare la veine Maréchale (1re branche) de la veine Maréchale (nord).

Outre ces failles principales, il y en a d'autres secondaires à la tête du gisement, qui se détruisent entre elles en profondeur, ou s'arrêtent aux failles qui viennent d'être décrites.

On voit que les directions des failles sont comprises entre N. 38° O. et N. 57° 1/2 O, la moyenne serait de N. 47° 3/4 O.

Les bissectrices des angles de rencontre des traces des failles, au niveau du tourtia, font les angles suivants avec le nord vrai.

$$\text{Faille de retour avec faille } 1^o \quad \frac{41 + 57\,^1/_2}{2} = 49^o\,^1/_4$$

$$\text{Faille } 1^o \text{ avec faille } 2^o \quad \frac{57\,^1/_2 + 38}{2} = 47^o\,^3/_4$$

$$\text{Faille } 2^o \text{ avec faille } 3^o \quad \frac{57\,^1/_2 + 43}{2} = 50^o\,^1/_4$$

$$\text{Faille } 3^o \text{ avec faille } 4^o \quad \frac{43 + 55}{2} = 49^o$$

On peut dire que les bissectrices des angles sont à peu près parallèles.

Si on joint par une ligne le sommet de l'affleurement dévonien de Febrin, avec le sommet de l'affleurement dévonien de Bailleul-lez-Pernes, cette ligne, en face des concessions d'Auchy-au-Bois et de Ferfay fait avec le nord vrai un angle de 50°vers l'ouest, c'est-à-dire qu'elle est parallèle aux bissectrices ci-dessus.

FLORE DU GISEMENT D'AUCHY-AU-BOIS ET DÉTERMINATION
DE L'AGE DE LA HOUILLE.

Mes faibles connaissances en botanique m'empêchent de traiter ce sujet comme il le mérite ; je me suis borné à recueillir des matériaux, à déterminer les formes végétales, ainsi que leurs noms , on m'aidant des travaux parus jusqu'à ce jour. On verra cependant combien ces renseignements me viennent en aide, pour fixer d'une manière irréfutable l'âge de la houille du gisement d'Auchy-au-Bois.

Je n'ai pu malheureusement présenter des échantillons pris sur place, dans les travaux, au toit des veines, comme je l'ai fait pour l'étude du terrain houiller de Dourges ; il faut pour cela une exploitation très-développée , condition qui n'existe pas encore à Auchy-au-Bois, et j'ai dû, pour augmenter ma collection, fouiller en tous sens les tas de déblais qui sont sur les carreaux des deux fosses. A première vue, on reconnaît vite quels sont les morceaux de schistes qui peuvent contenir des empreintes ; ce sont ceux qui formaient le toit des veines. Quand ils ont séjourné quelque temps à l'air , ils se fendillent et se prêtent même mieux qu'au fond de la fosse à la séparation, suivant le sens des couches, et à la mise au jour des empreintes qu'ils renferment.

En procédant de cette manière , les plantes fossiles que j'ai recueillies, ne pouvaient être rapportées au toit de leur veine, mais elles avaient néanmoins leur valeur ; c'étaient, si l'on veut, des médailles sans date ; plus tard, quand on retrouvera dans les travaux les mêmes empreintes, on pourra établir la véritable chronologie.

Pour une fosse ou on exploiterait à la fois des charbons demi-gras, gras et très-gras, il y aurait certainement des

Neuropteris auriculata.

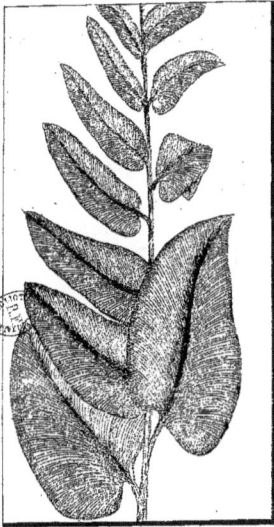

Annularia radiata.

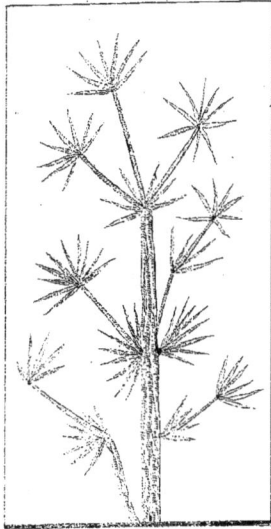

Sommité du Neuropteris.

Calamocladus equisetiformis.

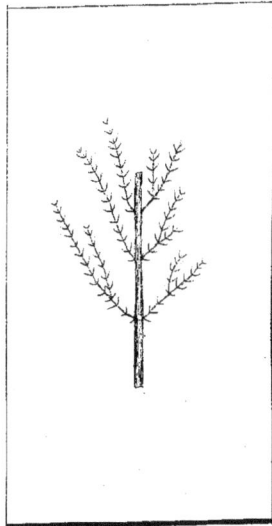

P.Duvillier sculp.

L.Breton del.

Calamocladus équisétiformis.

Pinnularia.(Racines de Calamites.)

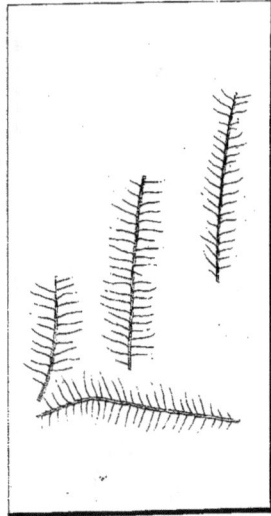

Probablement Racines.

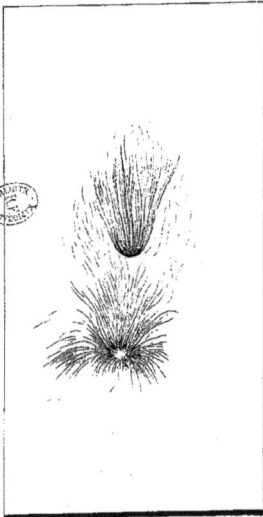

Pinnularia.

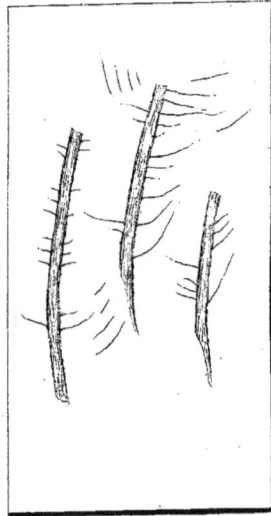

causes d'erreur à craindre en recueillant des échantillons sur le terry des fosses, mais, à Auchy-au-Bois, l'objection est sans portée, puisque la houille appartient aux deux catégories *grasses Maréchales et sèches à longue flamme*, qui ont des caractères si communs.

J'ai ainsi pu trouver une trentaine de débris de plantes fossiles, et, chose remarquable, toutes appartiennent aux trois grandes familles des calamites, des astérophyllites et des fougères ; les sigillariées et les lycopodiacées n'entrent pas dans la proportion de 1 pour 20 et ne sont rencontrés très-rarement que dans les couches de la base. Les principales plantes sont : *Sphenopteris furcata, sphenopteris Heninghausi, Louchopteris rugosa, Calamocladus équisetifolia, Neuropteris auriculata, Pecopteris nervosa, Pecopteris Loshii, Neuropteris hétérophylla, Sphenophyllum crosnum* (rameaux et fruits), *Calamites suckowii, Sphenopteris chœrophilloïdes, Annularia radiata, Pinnularia* ou *racines de Calamites suckowii*.

On se rappelle que, dans l'étude du terrain houiller de Dourges, il n'a pas été possible de tirer la moindre conclusion sur la répartition des familles de plantes, suivant les différentes natures de charbon. Chaque couche avait bien ses empreintes à elle propres, mais dans un même groupe, celui des demi-gras, tandis que la veine Saint-Georges de la fosse Sainte-Henriette a son toit pétri de sigillariées ; la veine N° 5, au nord, immédiatement en-dessous, a le sien rempli d'empreintes de fougères sans y renfermer un seul sigillaire.

Il semblait donc que les observations de M. Geinitz, sur les bassins allemands, étaient en défaut. Ce savant distingue, en effet, dans la formation houillère, cinq grandes périodes qu'il désigne sous les noms de :

Zône des *Lycopodiacées*, à la base.
Id. des *Sigillariées*, ensuite.
Id. des *Calamites*, après.
Id. des *Asterophyllites*, à la partie supérieure.
Id. des *Fougères*, id. id.

3

qui seraient comme les différentes époques de notre histoire.

Pour M. Geinitz, la formation houillère d'Auchy-au-Bois appartiendrait donc à la partie supérieure, et il aurait raison, car la houille de ce gisement, par sa composition chimique et ses propriétés, est classée à côté des houilles supérieures du bassin belge (produits et centre du Flénu),à côté aussi des houilles de Nœux (fosse N° 2 et fosse N° 4).

Il faut maintenant expliquer comment le gisement d'Auchy-au-Bois, quoique reposant directement sur le calcaire carbonifère, comme ceux d'Annezin, de Meurchin et de Carvin, renferme cependant des houilles d'une nature différente et de beaucoup supérieures dans la série.

ABSENCE DES HOUILLES MAIGRES ET DEMI-GRASSES SUR LA CONCESSION D'AUCHY-AU-BOIS.

Quelques géologues donnent l'explication suivante sur l'absence des houilles maigres et demi-grasses sur les concessions de l'ouest du bassin :

Ces houilles, disent-ils, sont contemporaines des houilles maigres, puisqu'elles reposent sur le même calcaire, mais elles sont de natures différentes parce que la végétation n'était pas la même sur toute la surface en formation.

La végétation est, en effet, différente, et nous ne trouvons, à Auchy-au-Bois, que fort rarement des lépidodendrons et des sigillaires, si abondants dans les charbons maigres et demi-gras; parmi les fougères, je n'ai trouvé de commun avec Meurchin que le *Lonchopteris rugosa*; mais je crois que l'explication ci-dessus doit être rejetée, comme je vais essayer de le démontrer.

On remarque dans le Pas-de-Calais, là où on peut tracer un méridien à travers toutes les natures de charbon, d'Hénin-Liétard à Carvin, par exemple, que la proportion de houille augmente en s'élevant dans la formation, qu'elle est de :

2.94 pour 100^m de terrain houiller dans le faisceau demi-gras.
3.07   id.   id.   id.   gras.
4.06   id.   id.   id.   très-gras.

Et ce dernier chiffre est dépassé dans le faisceau des houilles sèches à longue flamme, tandis qu'il est à peine de 2 % dans le faisceau des houilles maigres, et dans le bassin du Nord, les 500 mètres de la base sont même stériles.

Or, sur les concessions de Fléchinelle, d'Auchy-au-Bois, de Ferfay et de Marles, on constate la proportion la plus forte, et à Annezin, à Meurchin, à Carvin, à Ostricourt, la proportion la plus faible. Il me paraît donc bien plus raisonnable de relier les veines d'Auchy-au-Bois à la partie supérieure de la formation houillère, puisque la proportion de houille correspond à la proportion de houille reconnue dans le faisceau des houilles sèches à longue flamme. J'ai, en outre, montré que la végétation correspond avec la végétation de la partie supérieure du bassin belge. Tout vient donc prouver que les veines de charbon maigre ne viennent pas à Auchy-au-Bois avec une nature différente. Le fond du bassin, suivant son axe, avait une pente à l'Est, et les couches houillères, à mesure qu'elles se formaient, gagnaient le rivage à l'Ouest. Il y avait néanmoins des parties de fond du bassin sensiblement horizontales, comme je l'ai démontré pour la portion comprise entre les deux puits N° 1 et N° 2 d'Auchy-au-Bois.

TRAVAUX DE RECHERCHES PAR SONDAGES.

La Compagnie d'exploitation de la concession d'Auchy-au-Bois, alors qu'elle n'était que Société de recherches, portait le nom de Société A. Faure et Cie. Cette Société a exécuté par elle-même cinq sondages et acquis d'un sieur Podevin deux autres sondages. C'est avec cette somme de travaux qu'elle a déposé sa demande pour l'obtention de la concession d'Auchy-au-Bois.

En 1860, la Société d'exploitation a fait exécuter cinq sondages au sud de sa concession pour disputer un lambeau de la zône houillère aux Sociétés Calonne et Cie, La Modeste de Westrehem et la Société l'Éclaireur du Pas-de-Calais. Cette dernière Société a même creusé une fosse jusqu'à la profondeur de 50 mètres et construit presque entièrement le bâtiment d'extraction. C'est à la Compagnie d'Auchy-au-Bois que la concession fut accordée.

Enfin, en 1873, la Compagnie a fait faire trois sondages pour déterminer la position d'une troisième fosse.

Nous allons décrire brièvement chacun de ces sondages dont les coupes sont représentées sur les planches IX, X et XI.

SONDAGES POUR L'OBTENTION DE LA CONCESSION.

La Société de recherches A. Faure et Cie a commencé ses sondages en juillet 1852.

Premier sondage. — A Norrent-Fontes, poussé jusqu'à 172 mètres. Rencontre du calcaire carbonifère sous le tourtia, à 170 mètres

Mines d'Auchy au Bois.

Sondages pour l'obtension de la Concession d'Auchy-au-Bois.

exécutés par la S.té Faure et C.ie Echelle 1/500

N.1   N.3   N.4   N.5   N.6   N.7

P.Daviller sculp.

Deuxième sondage. — A Radometz, près Thérouane. Entrepris dans le but de s'éclairer, dès le début, sur un point à l'Ouest, très-reculé de ceux déjà explorés à l'Est ; ce travail a dû être abandonné à la profondeur de 156 mètres.

Troisième sondage. — Sur le territoire de Saint-Hilaire-Cottes, près Auchy-au-Bois. Il rencontre le terrain houiller à la profondeur de 140 mètres ; à 150 mètres, la sonde traverse une veine de houille grasse, dont la hauteur verticale constatée est de 1^{m}35. Entrepris par M. Potevin, ce sondage est acquis par la Société Faure, en mai 1853.

Quatrième sondage à Auchy-au-Bois. — Argiles grises et lie de vin du dévonien supérieur, rencontré à 128 mètres, poussé jusqu'à 165 mètres. La Société, dès cette époque, regrette, quelque temps après l'arrêt de ce travail, de ne pas l'avoir continué. Il est démontré aujourd'hui qu'il ne fallait forer que quelques mètres plus bas pour atteindre le terrain houiller.

Cinquième sondage, à Rely. — On y rencontre le calcaire carbonifère, à la profondeur de 148 mètres, dans lequel on pénètre d'un mètre environ.

Sixième sondage, à la Tirémande. — Commencé par M. Podevin, acquis et continué par MM. Faure et Cie. Il a traversé 57 mètres de terrain houiller de 103 à 160 mètres, et recoupé cinq veines de houille, dont la puissance varie de 0^{m}40 à 1^{m}30, formant ensemble une épaisseur verticale de 3^{m}10.

Dépôt de la demande en concession des mines d'Auchy-au-Bois, par MM. Lavallée, Le Brun et Faure, le 16 novembre 1853. Autorisation et publication des affiches le 1er avril 1854.

Septième sondage, à Bellery, près Ames. — Rencontre du terrain houiller à 130 mètres ; sur une première hautour de 54 mètres, on n'a rencontré que des parcelles ou veinules de houille. Sur une deuxième hauteur de 39 mètres, la sonde a traversé huit veines de houille, dont la puissance varie entre $0^m 30$ et $1^m 80$. Ce sondage a été arrêté à 223 mètres, en plein terrain houiller.

Je parlerai pour mémoire d'un huitième sondage exécuté par la société d'exploitation, dans la partie nord de sa concession, à 386 mètres du puits N° 2, dans un but d'exploration et, sans doute, pour déterminer ultérieurement l'emplacement de ce second puits. Il a rencontré le terrain houiller à 138 mètres de profondeur et a été continué jusqu'à 162 mètres.

SONDAGES POUR L'OBTENTION D'UN PREMIER AGRANDISSEMENT
DE CONCESSION.

Sondage N° 9. — C'est le 1er décembre 1859 que la Compagnie d'Auchy-au-Bois a commencé ce sondage ; il est à 250 mètres au sud du clocher d'Auchy-au-Bois. Il a rencontré les schistes gris et lie-de-vin du dévonien supérieur, à la profondeur de 125 mètres, et il a été continué, dans ces mêmes terrains, jusqu'à $209^m 39$.

Sondage N° 10. — Établi sur la route départementale N° 13 d'Hesdin à Aire, à 50 mètres au sud de la concession ; a rencontré le terrain houiller à 156 mètres et a été poussé jusqu'à $208^m 68$, après avoir rencontré six fois de la houille et surtout une couche de charbon pur de $1^m 12$, à 207^m de profondeur.

Sondage N° 11. — Situé à l'intersection de la route départementale N° 13 avec le chemin de Ligny à Auchy-au-Bois et à 200 mètres au sud de la concession ; a été abandonné à $168^m 65$, dans un calcaire fétide ; il avait ren-

Pl. X.

Mines d'Auchy-au-Bois.

Sondages pour l'obtension d'un premier agrandissement

de Concession. Echelle 1/5000

N.° 9

N.° 10

N.° 11

N.° 12

N.° 13

P. Duvillier sculp.

L. Bréon del.

contré la base du tourtia à 156ᵐ20. Si ce sondage avait été poussé un peu plus loin, il aurait rencontré le terrain houiller.

Sondage N°.12. — Situé à l'intersection du chemin de Lépinette avec le chemin d'Auchy-au-Bois à Ligny; n'était qu'à 90 mètres au sud de la concession; il a atteint le terrain houiller à 144 mètres de profondeur; a été poussé jusqu'à 162ᵐ30 et a rencontré deux fois de la houille.

Sondage N° 13. — Commencé le 27 octobre 1860. Est situé sur le chemin de Vignecourt et à 60 mètres au sud de la concession; a rencontré du calcaire ancien à 133ᵐ88 de profondeur. Ce sondage est à quelques mètres seulement au sud de l'affleurement méridional de la zône houillère, et il ne fallait pas le pousser bien bas pour rencontrer le terrain houiller.

Les découvertes des sondages Nᵒˢ 10 et 12, jointes au droit de priorité du sondage N° 9, ont fait accorder une première extension à la Compagnie d'Auchy-au-Bois.

Sondage N° 14. — En avril 1861. Ce sondage est exécuté en vue de l'emplacement du puits N° 2. Il rencontre le terrain houiller à 143 mètres et est poussé jusqu'à 192 mètres.

SONDAGES POUR DÉTERMINER L'EMPLACEMENT
D'UNE TROISIÈME FOSSE.

Sondage N° 15. — Commencé le 11 février 1873 et terminé le 8 février 1874. Il a rencontré le dévonien supérieur à 131 mètres; ce sont, d'abord, des schistes rouges, puis des grès schisteux un peu micassés, bruns mélangés de vert, sur 0ᵐ50 de puissance, puis des marnes effervescentes vertes et rouges, empâtant grès rouges, sur 1ᵐ85, ensuite des schistes micassés fossilifères, compactes, gris-rougeâtres, sur 1ᵐ75. A 136ᵐ 55, on rencontre, sur une épaisseur de 10ᵐ05, des schistes rouges, avec taches verdâtres, sableuses, fossilifères, contenant des plaquettes quartzites micassées, très-dures. Dessous, sur 2ᵐ60, ce sont des schistes gris, puis 0ᵐ40 de schistes bruns-chocolat. Ensuite, à 149ᵐ60, et sur 17ᵐ00 de puissance, des schistres gris-verdâtres, argileux, luisants et tendres, et, dessous, sur 1ᵐ90, des schistes gris-foncés qui ont leur base à 168ᵐ50. Je rapporte tous ces terrains à l'assise du Boulonnais, qui s'appelle : *grès de Fiennes et schistes rouges.*

C'est à cette profondeur de 168.50 qu'on rencontre un calcaire dolomitique, fétide, cristallisé, noir violacé ; il a 11ᵐ 50 d'épaisseur, puis de la dolomie sur 9ᵐ, ensuite 4ᵐ de dolomie grise, 2ᵐ50 de dolomie jaunâtre, 1ᵐ de dolomie brunâtre ; 3ᵐ50 de dolomie grise, et à la profondeur de 200ᵐ, on touche des schistes gris. Ces 31ᵐ 50 de terrains dolomitiques se rapporteraient à la dolomie de Hure, du Boulonnais, base du terrain carbonifère, qui est superposé au terrain dévonien. Les schistes gris ont 2ᵐ50, dessous on traverse 4ᵐ50 de calcaire cristallisé gris translucide, puis 0.40 de calcaire, ensuite 5ᵐ10 schistes gris et enfin 1ᵐ50 de schistes calcaireux. Le sondage est arrêté à la profondeur de 215ᵐ11.

Sondage Nº 16. — Commencé le 7 septembre 1876, rencontre des schistes très-noirs à phtanistes à 148ᵐ de profondeur, il en traverse 22ᵐ, puis, à 170ᵐ, il rencontre des terrains douteux, des schistes houillers avec de petits morceaux de calcaire ; enfin à 185ᵐ il traverse une veine de houille. Il est arrêté à 191ᵐ40.

Sondage Nº 17. — Commencé le 2 février 1874. Il rencontre le terrain houiller à 146ᵐ de profondeur et est rêté.

Sondages pour la détermination des emplacements

des Puits N.º2 et N.º3. Échelle 1/300.

N.º8
Terre et caillouteuse.

Crairouneuse avec silex.

Marne jaunâtre et sableuse.
Marne et sableux.
Craie jaunâtre.

Craie   bleuâtre.

Craie   bleuâtre.

Tourbière

N.º14
Terre   végétale.

Craie blanchâtre.

Craie blanche   et pousse.

Craie blanche   et grisâtre.

N.º15
Niveau de l'Eau.

Craie   blanche.

Bièves.

Petits   bancs.

N.º16
Niveau de l'Eau.

Bièves.

Petits   bancs.

N.º17
Niveau de l'Eau.

Bièves   bleues.
Bièves   vertes.

Bièves   blanches.

P.Duvallier sculp.   L.Bresson.

Si à tous ces sondages on ajoute les sept de la Cie de l'Éclaireur, les deux de la Cie la Modeste de Westrehem, et celui de la Société Calonne, on voit que pas de concession n'a été autant perforée que la concession d'Auchy-au-Bois; à deux reprises on a sondé avec acharnement pour se disputer cette partie de la zône houillère du bassin du Pas-de-Calais, et quels ont été les plus favorisés jusqu'ici, financièrement parlant, de ceux qui n'ont perdu que leur mise de fond dans les sociétés de recherches, ses rivales, ou des propriétaires de la concession d'Auchy-au-Bois et de sa première extension, qui depuis vingt-quatre ans apportent périodiquement de nouveaux sacrifices pour l'étude de son gisement et l'établissement des moyens économiques d'exploitation. Il aura fallu plus d'un quart de siècle (et le premier argent aurait doublé deux fois) pour entrer dans la période des satisfactions et combien les derniers efforts auront été nécessaires.

DEUXIÈME PARTIE.

THÉORIE SUR LE PROLONGEMENT AU SUD DE LA ZONE HOUILLÈRE
DU PAS-DE-CALAIS.

Le bassin du Pas-de-Calais date d'une vingtaine d'années à peine et déjà cinquante puits y sont percés; les travaux d'exploitation ont démontré qu'il est le plus riche bassin de France, aussi l'étudie-t-on dans ses moindres détails, pour reconnaître si les bornes qu'on lui a données d'après les renseignements fournis par les sondages, arrêtés presque tous aussitôt que le terrain ancien, soit houiller, carbonifère ou devonien était entamé, sont bien ses bornes, s'il ne s'étend pas au-delà en profondeur, franchissant même les limites actuelles des concessions qui ont été tracées aussi près que possible de l'affleurement sud du terrain houiller au tourtia. On comprend combien il serait intéressant de faire cette étude, mais pour cela il faudrait que les ingénieurs apportassent leur contingent de renseignements.

Pour trouver les rapports entre les terrains de transition, carbonifère ou dévonien et le terrain houiller, il faut d'abord étudier les accidents dont ce dernier terrain est affecté ; ces accidents ont suivi des lois qui ne lui sont pas seulement applicables, mais bien à toute la masse des terrains déposés antérieurement.

On arrive ainsi à établir des faits, à les raisonner et en tirer des conclusions pratiques.

L'étude que j'ai faite s'appuie sur des documents certains; elle traite des faits géologiques laissés jusqu'ici

Carte Géologique

de l'Ouest de la Zône houillère du P. de C. Echelle 50000 Pl XII

Morbecques.

So

Sercus.　　　　Hazebrouck sud.

Lynde.

Steenbecque.

So

Bleringhem.

Boeseghem.　　Thiennes.

Hacquinghem.

Witles.

Terrain Dévonien.
So

Isbergue.　　　°

Roquetoire.

Aire.

So　　　　　　Berguette.

Rincq.　　So

Molinghem.

S.t Quentin.

Rebecq.　　　　　Lambres.　　　　Ham.

Mametz　　　　　Mazinghem.

Marthes.　　Witternesse.

Blessy.　　Berles.　　So　　Orient.

Bourecq.

Enighem.　　　　S.t Hilaire.

Bellozane.

Terrain Carbonifère.

Barres blanches.　　Bery.　　　　　Lozeren.

Enguinegatte.　　Anny.

houiller.　　Brunes.

Terrain.　　Lievreville.

Lespagne.　　　　　　Auchy au Bois.

N.

Amettes.

Terrain Dévonien.　　　Westrehem.

Cuhem.

Nesdon.

Trias.　　　Febvin.　　Nédonchelle.　　Aumerval.

Fontaine les t Hermans.　Bailleul lez pernes

P. Duvillier. sculp.　　　　　　　　　　　L. Breton del.

sans explications, dont les conclusions prouvent l'existence de terrain houiller non concédé à une profondeur abordable en certains points.

Pour étudier un bassin houiller en exploitation sur plusieurs points comme celui du Pas-de-Calais, il ne faut jamais commencer l'étude par l'endroit le plus tourmenté, le trop grand nombre d'accidents peut empêcher de déterminer de quelle manière s'est produit le mouvement principal dont les failles ne sont que les conséquences.

Ce qu'il ne faut pas négliger non plus, ce sont les renseignements que donnent les sondages exécutés en dehors du bassin et qui permettent de tracer, d'une manière approximative, les contours des terrains encaissants.

Pour rendre aussi la carte géologique plus nette et l'ensemble plus facile à saisir, il est bon de le dépouiller des terrains secondaires, tertiaires et d'alluvion qui n'ont aucun rapport avec les terrains de transition et se sont même déposés longtemps après les grands mouvements du bassin qui ont produit les effets que nous allons décrire.

Ce qui frappe tout d'abord à l'aspect de la carte du bassin du Nord et du Pas-de-Calais, ce sont les cinq bandes parallèles, le terrain dévonien formant les deux bandes extrêmes, le terrain carbonifère formant les deux autres bandes, comprenant entre elles la bande centrale qui est le terrain houiller. En outre, au nord du bassin, on trouve l'ordre naturel de formation, dévonien à la base, carbonifère dessus, puis houiller, ces trois terrains ayant pente au sud ; au midi, avec pente de même sens, on trouve houiller, carbonifère ensuite et dévonien. Il y a donc renversement en masse tant cet ensemble a pris la forme de U inclinés s'emboitant les uns dans les autres, le U central serait le terrain houiller, le second U serait le calcaire carbonifère, et le troisième U serait le terrain dévonien. La formation de ce U incliné au sud est un des principaux mouvements

qu'a subis le bassin. Les couches carbonifères et dévoniennes si profondes se sont relevées au nord et au sud et
revenues à la surface. Quant à l'existence de ce U incliné au
sud elle ne peut être mise en doute puisqu'il suffit de lire la
coupe passant par les fosses d'Aniche, ou celle de la fosse
Mulot, Compagnie de Dourges, ou encore celle du N° 4
de la Compagnie de Nœux ; si d'autres accidents ne s'é-
taient ensuite produits, cet U incliné au sud, serait la
forme toute simple qu'affecterait le bassin; dans l'axe
seraient les charbons formés les derniers, au nord de cet
axe, la série grasse, demi-grasse et maigre qui existerait
aussi au sud dans le même ordre. Enfin le calcaire carbonifère se retrouverait au sud avec la même épaisseur
qu'au nord, et il en serait de même des différentes assises
du terrain dévonien connues dans la partie nord. Malheureusement les choses ne se passent pas avec cette
simplicité, et plusieurs anomalies s'observent immédiatement :

1° L'absence d'affleurement des houilles demi-grasses
au sud du bassin houiller du Nord et du Pas-de-Calais ;

2° La faible largeur de la bande carbonifère du sud et
même sa disparition complète en certains points de la
carte du bassin ;

3° L'absence d'affleurement au sud du dévonien supérieur et même, quelquefois, du dévonien moyen ; il y a
alors contact du dévonien inférieur en place avec le calcaire carbonifère renversé et même quelquefois avec le
terrain houiller.

Ce sont ces questions qui depuis longtemps préoccu-
pent les géologues et les ingénieurs de mines, que nous
allons essayer d'expliquer et d'en tirer les conclusions
indiquées au titre de ce chapitre.

Ce n'est pas des grandes Compagnies qu'il faut attendre
des renseignements géologiques sur les rapports du terrain houiller avec les terrains anciens qu'en trouve au

midi du bassin ; ces grandes compagnies placent leurs fosses à un kilomètre au moins de la limite sud présumée et ce n'est que lentement et avec une certaine défiance qu'elles poussent leurs recherches dans cette direction. Ce sont les petites Compagnies du Sud qui, n'ayant rien à prétendre au Nord, puisque le terrain est concédé, ont poussé sans crainte au Midi les travaux d'exploration.

La fosse de Cauchy-à-la-Tour est la première qui a démontré l'existence des couches houillères sous les terrains plus anciens de recouvrement. On comprend que ce fait important n'a pas manqué d'explication. La coupe par les travers bancs a montré le calcaire de recouvrement restant sensiblement à la même distance des veines et, devant cette apparence de concordance de stratification on a hasardé l'hypothèse que ce calcaire de recouvrement, était d'une formation postérieure à celle de la houille ; on se rappelait la théorie ancienne qui classait le calcaire de recouvrement du terrain houiller d'Hardinghen, dans une formation postérieure. J'avoue qu'à une époque j'acceptai cette théorie, mais les travaux poussés dans la direction du levant, au niveau de 219^m, dans la veine dite *Midi*, s'étant rapprochés du calcaire et l'ayant même rencontré, on ne pouvait plus admettre la concordance de stratification, et la théorie était démolie. Ces terrains anciens ont été respectés sur tous les points où on a les touchés ; on craignait de trouver de l'eau ; aussi ne put-on déterminer ni leur nature, ni leur allure ; sans doute qu'on n'y attachait, à l'époque, qu'une faible importance.

Vers le même temps, on creusait la fosse de Courcelles-lez-Lens ; ce puits a rencontré, à 134 mètres de profondeur, un calcaire en couches inclinées de 35° au sud, on a pénétré dans ce terrain jusqu'à 205 mètres ; à cette profondeur, la roche étant trop dure, et les exploitants, ignorant quand on en sortirait, se dirigèrent en galerie horizontale, à travers bancs au nord, vers un sondage qui avait trouvé de la houille ; à 55 mètres dans cette galerie, on atteignit le terrain houiller, dont les couches avaient 45° d'inclinaison moyenne au sud, elles étaient séparées du calcaire par une faille ayant aussi 45° d'inclinaison au sud ; mais il a été démontré que cette surface de contact diminue d'inclinaison en profondeur, puisqu'à 228 mètres, la faille a été traversée dans la fosse, ce qui donne une pente de 22° $\frac{1}{2}$ au sud. A 203 mètres du puits, dans le travers banc, une veine de 0^{m}80 en un sillon, inclinée de 45° au sud, fut rencontrée ; elle est, dit-on, en position naturelle, toit au toit, mur au mur, mais d'après la direction de la faille qui, aux mines de Dourges, sépare les terrains en place des terrains renversés, je suis porté à croire qu'au niveau de 205 mètres, la veine de 0^{m}80 est renversée.

Ces intéressants travaux démontraient donc que la limite sud de la zône houillère, telle qu'elle est tracée au niveau du tourtia, n'est pas la vraie limite, mais bien l'affleurement d'une faille inclinée au sud, sous laquelle s'enfoncent les couches du grand bassin.

Les conditions étant exactement les mêmes à Cauchy-la-Tour qu'à Courcelles, les mêmes conclusions sont applicables, et on peut alors généraliser, sans trop de hardiesse, et suivre sur son parcours cette faille. (Nous ne dirons plus la limite Sud du bassin.) Quittant Courcelles, elle pénètre plus ou moins dans le terrain houiller, laissant à la zône une grande largeur sur le méridien de Liévin à Meurchin, entrant très-fort sur la concession de Bully-Grenay, s'écartant sur la concession de Nœux, puis rentrant de plus en plus sur la concession de Bruay, de Marles, de Ferfay, d'Auchy-au-Bois et après Fléchinelle, pénétrant si avant qu'elle entame le calcaire du Nord, base du terrain houiller ; elle continue ensuite, avec la même direction, jusque dans le bassin du Boulonnais et limite au Sud la bande houillère d'Hardinghem, appelée Petit Bassin des Plaines.

Cette faille est évidemment postérieure au mouvement qui a produit le renversement des couches de transition, houillères, carbonifères et devoniennes, en un mot à la formation de l' ⟍ incliné. Tantôt, comme au sud d'Aniche, elle coupe la branche méridionale de ⟍, de manière que les veines du nord ne viennent pas affleurer au sud, mais s'arrêtent à la faille ; tantôt, comme à Courcelles, elle passe si près de l'axe de l' ⟍ qu'on ne trouve qu'une faible épaisseur de terrain renversé avant de pénétrer dans les terrains en place. A Cauchy-à-la-Tour, elle passe dans la branche nord de l' ⟍ et ne rentre dans la branche sud qu'à la fosse N° 4 d'Auchy-au-Bois.

Pour déterminer son effet, il est nécessaire d'étudier ce qui se passe plus au Sud encore. Tous les géologues sont d'accord, et il n'y a aucun doute à cet égard, que ce que l'on observe en Belgique, entre le plateau du Brabant et celui des Ardennes, c'est-à-dire deux bassins carbonifères séparés par la crête du Condros, existe aussi dans le Pas-de-Calais.

Ces deux bassins sont séparés par la ligne des sommets dévoniens de Saint-Nazaire, Rebreuve, Pernes, Bailleul-lez-Pernes, Febvin, Fléchin, etc.

Celui du Nord ou bassin de Namur se continue chez nous et s'appelle bassin carbonifère de Valenciennes, celui du Sud ou bassin de Dinant vient passer à Avesnes, Cambrai, Saint-Pol, Hesdin, Montreuil.

Le bassin carbonifère de Valenciennes a, à sa partie supérieure, une très-grande épaisseur de terrain houiller, contenant un très-grand nombre de couches de houille. Le deuxième, celui du Sud, est, au contraire, très-pauvre, il ne renferme que quelques taches de terrain houiller, telles que celles de Taisnières et d'Aulnoye.

Pourquoi l'un, quoique plus étroit, est-il si riche, et l'autre, si large, est-il pauvre? On a jusqu'ici constaté le fait sans l'expliquer. Or, en supposant des falaises d'une certaine hauteur dans le calcaire carbonifère, on explique facilement l'absence de terrain houiller dans le bassin de Cambrai, Saint-Pol, etc. Il suffit pour cela que les houilles grasses aient eu pour limite Sud de formation une falaise appelée aujourd'hui, en Belgique, Crète du Condros, et la végétation houillère n'aurait gagné le haut de cette falaise qu'en de très-rares endroits, comme à Taisnières et Aulnoye et sans doute en quelques autres points qui nous sont cachés par les morts terrains. Ces taches houillères feraient donc partie des dernières formations, quoique reposant sur le calcaire carbonifère. C'est, en effet, ce qu'à reconnu M. Cornet dans les déblais d'un puits creusé à Aulnoye.

Le sol carbonifère aurait eu la figure ci-contre avant que ne commence la formation houillère.

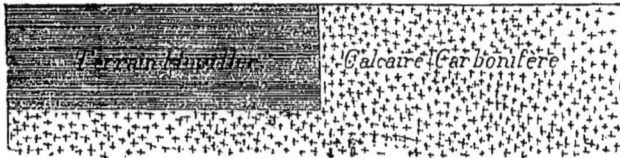

Plus tard, la pression du sud contre le nord fit prendre à tout cet ensemble une autre forme que la synthèse permet de déterminer approximativement et qui serait comme celle ci-contre.

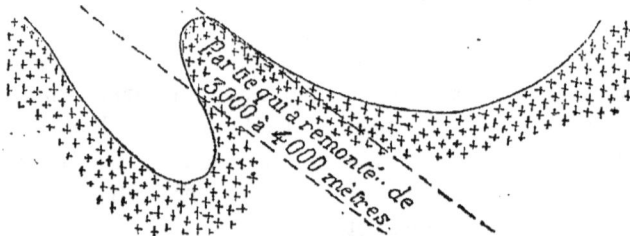

Les mêmes lignes, qui avaient autrefois cédé après la formation du calcaire carbonifère et qui formaient les falaises, cédèrent de nouveau. Ce sont des lignes de moindre résistance et la falaise devient la grande faille A ou crète de Condros.

Dans le bassin du Nord et du Pas-de-Calais, il se produisit, en même temps, une autre faille A' presque parallèle à la faille A, et les terrains compris entre les deux failles remontèrent, sous l'influence de la poussée, de 3 à 4,000 mètres. C'est la partie de terrain houiller cachée sous les failles, que j'appelle, dans le Pas-de-Calais : *Prolongement au sud de la zône houillère.*

Une coupe en travers donne la figure ci-contre :

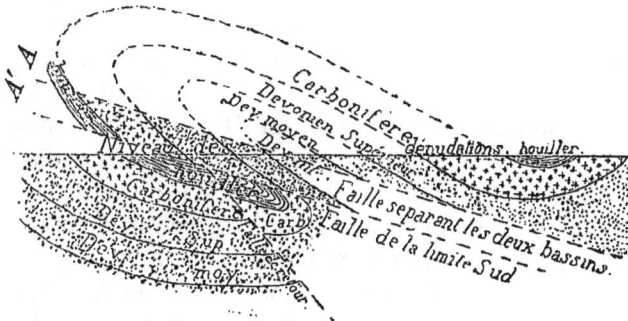

On voit que, selon que A est plus ou moins rapproché de A', les couches renversées du dévonien supérieur ont de moins en moins de largeur à l'affleurement, et le dévonien inférieur, en place du bassin de Dinant, peut même être en contact avec le calcaire carbonifère renversé du bassin de Namur, qui est lui-même en contact avec le terrain houiller. Un sondage pourrait traverser ces trois terrains.

C'est en partant de cette étude que les exploitants d'Auchy-au-Bois ont voulu reconnaître si, réellement, sur leur concession, ce que jusqu'ici on a appelé la limite sud de la zône houillère, reculait en profondeur; c'étaitpour eux d'une importance capitale, car la position la plus avantageuse pour le creusement d'une nouvelle fosse, n'était pas sur l'axe de cette zône houil-

4

lère, comme on l'avait cru jusqu'ici, mais bien en un point le plus rapproché du bord méridional; on ne rencontrait ainsi le calcaire inférieur aquifère, qu'à la plus grande profondeur possible, et on évitait de traverser les terrains de recouvrement qu'on ne connaît pas encore assez.

Le 11 février 1873, un premier forage fut établi au sud N° 15; il rencontra le terrain, dit dévonien supérieur, à 131 mètres de profondeur, entra ensuite, à 168ᵐ50, dans un terrain dolomitique, que je crois être la dolomie de Hure du Boulonnais, appartenant à la partie inférieure du terrain carbonifère; le renversement pouvait être supposé; mais ne sachant quand on atteindrait le terrain houiller, le 5 septembre 1873, on fit un second sondage à 170 mètres au nord du premier, tout en continuant celui-ci. Ce deuxième sondage atteignit, à 148 mètres de profondeur, un schiste noir à phtanites, rempli de polypiers, qui m'a paru très-bien se relier au calcaire à polypiers du Boulonnais, base du calcaire du haut banc à *Productus Cora*, de la formation carbonifère, alternant, dans ce pays, avec des bancs de dolomites. Au bout de quelques mètres, on put déterminer la pente des terrains traversés à chaque sondage; elle était d'environ 30° au sud. Le premier sondage, à 215 mètres, allait seulement rencontrer les terrains du deuxième, et on ignorait la pente et l'affleurement de la faille limite sud; on résolut de l'arrêter, et, le 2 février 1874, on reporta le matériel 70 mètres au nord du second, qui marchait activement et qui, après 22 mètres de schistes noirs à phtanites, traversa la faille, entra dans un mélange de schistes et de calcaire carbonifère et, à 185 mètres, recoupa une veine de charbon. Il était à 191ᵐ40, dans des schistes houillers, quand le troisième sondage atteignit le terrain houiller à 146 mètres de profondeur, immédiatement sous le tourtia; ils furent alors arrêtés tous deux.

Le succès était donc complet, tous les points de la

Pl. XIII.

Coupe prolongée passant par les Fosses

Providence Renaissance et du Souich, d'Hardinghen

Echelle $\frac{1}{10000}$

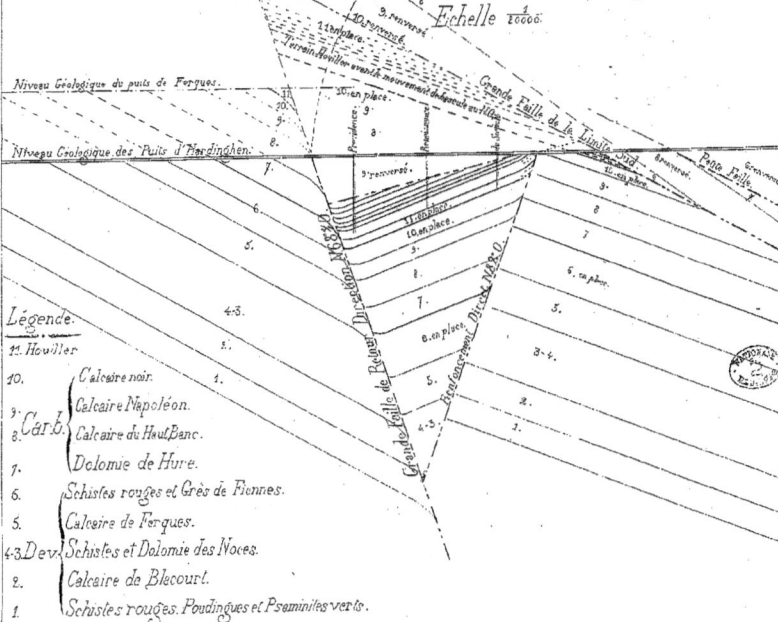

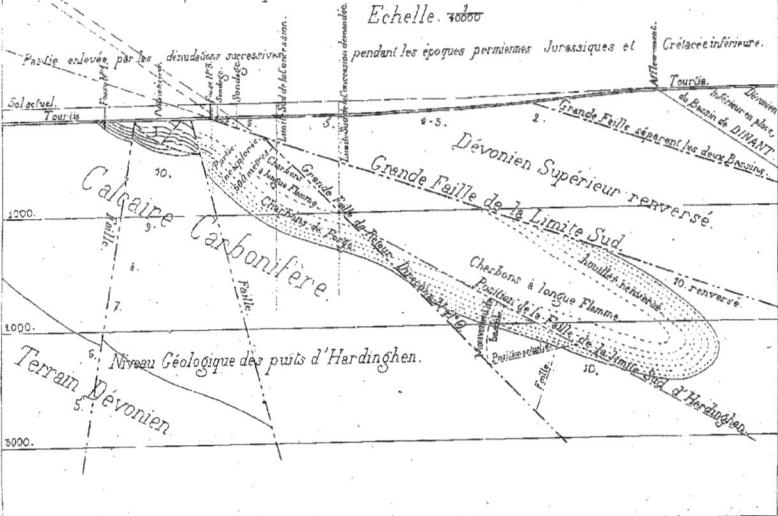

Niveau Géologique du puits de Ferques.

Niveau Géologique des Puits d'Hardinghen.

Grande Faille de la Limite Sud

9. renversé.
10. renversé.
11.thécure.
Terrain houiller avec le mouvement de deux failles
8. en place.

Petite Faille

Grande Faille de Réaul Direction N.30°O.

Renfoncement Direct N.30°O.

Légende.

11. Houiller.

10. { Calcaire noir.

9. } Carb. { Calcaire Napoléon.

8. } { Calcaire du Haut Banc.

7. { Dolomie de Hure.

6. { Schistes rouges et Grès de Fiennes.

5. { Calcaire de Ferques.

4-3. Dev. { Schistes et Dolomie des Noces.

2. { Calcaire de Blécourt.

1. { Schistes rouges, Poudingues et Psammites verts.

Coupe prolongée en travers du Bassin

passant par les Fosses N°1 et N°3 d'Auchy-au-Bois

Echelle. $\frac{1}{40000}$

Partie enlevée par les dénudations successives

pendant les époques permiennes Jurassiques et

Crétacée inférieure.

Sol actuel.

Tourtia

Tourtia.

Dévonien Supérieur renversé.

Grande Faille séparant les deux Bassins.

Grande Faille de la Limite Sud.

Calcaire Carbonifère.

Charbons à longue Flamme.

Houiller renversé.

10. renversé.

Position de la Faille.

Niveau Géologique des puits d'Hardinghen.

Position de la Faille de la Limite Sud d'Hardinghen.

Terrain Dévonien

1200.

1000.

2000.

3000.

P. Duvillier Sculp.

L. Breton del.

théorie reconnus exacts; pas un seul n'était en défaut. Ces travaux font honneur à l'administration d'Auchy-au-Bois, qui n'a pas reculé devant des dépenses importantes pour démontrer matériellement un fait qui était contesté par beaucoup d'hommes de métier, malgré les exemples de Cauchy-à-la-Tour et de Courcelles; elle en est récompensée, car elle a aujourd'hui la certitude, qu'au sud de la zône de terrain houiller tracée comme limite, il y a plus de houille que ce qu'elle avait cru jusqu'ici n'être renfermé que dans des limites très-étroites.

Il y a donc de grandes réserves de houille au midi de l'affleurement de la grande faille (autrefois limite sud du bassin); ces réserves ne sont autres que la continuation du bassin actuel, accessible avec les moyens dont dispose l'art des mines, augmentant d'importance en profondeur, puisque, à 1,000 mètres, la limite ancienne est reculée de plus de 2,000 mètres sur les méridiens de Cauchy à la Tour et de Courcelles.

Le complément du bassin, qui a remonté entre les deux failles, a formé pendant longtemps une véritable montagne, que les agents atmosphériques ont ensuite dénudée, tout le temps qu'ont duré les formations permienne, triasique et jurassique.

A la fin de la formation du terrain crétacé inférieur, le sol avait à peu près le relief que nous lui trouvons aujourd'hui sous le tourtia. Enfin, le tourtia s'est déposé, puis les différentes couches crayeuses qui ont caché à l'homme ces immenses richesses que la science peut aujourd'hui découvrir, et en déterminer même les conditions géologiques.

Pour ce qui est du massif houiller d'Auchy-au-Bois (*Pl. XIII*), une partie a été renfoncée assez fortement par la faille dite de retour, au midi de laquelle les couches se retournent sous forme d'un U; puis le tout fut coupé en sifflet par la faille de la limite sud, et la partie séparée est remontée sur le plan de cette faille à une grande hauteur, elle s'y trouve retournée et recouverte par le terrain carbonifère, qui a suivi le même mouvement ascendant en s'appuyant sur la faille, et ce dernier recouvert lui-même par le terrain devonien. Les érosions n'ont plus laissé (au méridien de la fosse N° 3), que la partie inférieure du calcaire carbonifère qui fait suite au devonien supérieur.

Du massif houiller primitif d'Auchy-au-Bois, il n'est resté que 600 mètres, au nord du cran de retour, mais on ignore encore combien d'épaisseur de terrain houiller cette faille a renfoncé; néanmoins, par la nature des houilles et le grand nombre des veines, le gisement d'Auchy-au-Bois est assez important pour permettre d'espérer une production considérable pendant plusieurs siècles.

Il a même plus de valeur que ne semble l'indiquer la carte qui le représente rétréci, par rapport au terrain houiller de Ferfay et de Marles. Pour le comparer à ces concessions, on ne saurait prendre d'exemple plus frappant que celui d'un livre dont on supposerait que les feuillets sont des couches de schistes et de grès, et les gravures intercalées, les veines de charbon. Si le livre est posé à plat ou légèrement incliné au sud, on a la représentation du terrain houiller de Marles, et sa projection sur la carte du bassin est presque de la largeur du livre. Si on incline le livre de 20°, on a l'exemple du terrain houiller de Ferfay, et sa projection est réduite; si on porte l'inclinaison à 30°, on a la représentation du terrain houiller d'Auchy-au-Bois, et la projection est encore moins large; toute personne étrangère au métier croira, à l'inspection de la carte, qu'il reste à peine un gît exploitable. Si, enfin, le livre est posé de champ, les feuillets et les gravures sont alors verticaux, et on représente le terrain houiller de Fléchinelle.

En face de la concession d'Auchy-au-Bois, le prolongement du bassin sous les terrains anciens, comprend donc toutes les veines connues actuellement aux deux fosses, puis des veines supérieures, amenées par suite du renfoncement sur la faille de retour.

Il reste à déterminer jusqu'à quelle distance se prolonge au sud le bassin d'Auchy; cette distance, 4,000 mètres au moins, découle de la coupe théorique que j'ai faite; on voit qu'elle est très-importante, mais que, en même temps, la profondeur pour atteindre le terrain houiller augmente en s'éloignant au sud.

Les exploitants actuels d'Auchy doivent se contenter d'enlever les 6 à 700 premiers mètres de profondeur qui s'enfoncent sous la faille de la limite sud et sortent même très-loin de la limite actuelle de la concession, comme le prouvent les travaux au midi du puits N° 2, lesquels travaux, sortis de plus de 130 mètres au niveau de 270 mètres, se trouvent, en outre, 230 mètres sous les terrains anciens de recouvrement, et ont permis de déposer une demande en extension de la concession actuelle.

Au sud des autres concessions du Pas-de-Calais, les chercheurs ne doivent avoir en vue que l'exploitation, à cette profondeur de 6 à 700 mètres. Au-delà, les prix de revient ne seraient plus en rapport avec les prix de ventes, et il y aurait perte certaine dans l'exploitation.

En beaucoup de points, cependant, le terrain houiller est accessible, avant 500 mètres, au sud des limites actuelles des concessions du Pas-de-Calais; comme viennent aussi le démontrer : d'abord, la Compagnie de Liévin, par un sondage exécuté au sud de la Compagnie de Bully-Grenay et qui a traversé le grès rouge en place du bassin de Dinant, le calcaire renversé du bassin de Valenciennes et les couches supérieures renversées du terrain houiller, c'est-à-dire a traversé les deux failles; puis la Compagnie de Bully-Grenay, au sud de sa concession, et une Compagnie de recherches, au sud de la Compagnie de Courrières, au village de Méricourt.

La coupe passant en travers du bassin d'Auchy-au-Bois nous montre donc :

1° La zône en exploitation, formée d'alternances houillères, reposant directement, et en stratification concordante, sur le calcaire carbonifère rencontré aux deux fosses N° 1 et N° 2 et coupée par la faille de retour.

2° Un prolongement de cette zône, jusqu'alors inconnue, mais dont l'existence est aujourd'hui certaine, reposant, comme la première, en stratification concordante sur le même calcaire, et les veines inclinant d'abord au sud, se relevant ensuite pour former pente au nord (je me place dans le cas identique de la fosse Mulot, Compagnie de Dourges), puis se retournant sur elles-mêmes ; cette partie renversée est probablement très-accidentée.

Ces accidents, sur une grande échelle, que je viens de signaler, se rencontrent aussi dans le terrain houiller de Valenciennes et y produisent des effets analogues, tel est le cas du cran de retour d'Anzin.

Ce cran de retour est une faille sur la surface de laquelle la partie supérieure du terrain houiller est descendue d'une hauteur qui, en certains points, peut être estimée à 1,500 mètres, à en juger par la différence de nature des houilles que l'on trouve des deux côtés au même niveau. Ainsi, à Anzin, tandis qu'au nord de la faille, les houilles renferment 18 à 20 % de matières volatiles, au sud, au même niveau, elles renferment 22 à 25 %. Mais, en allant à l'est, les veines exploitées aux fosses Saint-Louis, du Moulin et de la Bleuze-Borne, qui ne sont qu'à 300 mètres au nord du cran de retour, s'en écartent de plus en plus, et, au puits Thiers, elles sont à plus de 1,000 mètres.

Dans l'intervalle, il se place des couches supérieures renfermant 20 à 22 % de matières volatiles.

Les veines, au sud de la faille de retour sont exploitées à la fosse du Chaufour et, en allant aussi à l'est, elles viennent butter à cette faille. Ce sont les couches inférieures qui vont de plus en plus loin vers l'est. De sorte que, vers Onnaing, en entrant sur la concession de Crépin, il doit y avoir, des deux côtés du cran de retour, des houilles de même composition, c'est-à-dire que l'effet de la faille n'a plus là qu'une faible importance.

En Belgique, le cran de retour ne passe pas, et les combles sud, quoique en zig zag, sont la continuation des combles nord, sans solution de continuité.

Vers l'ouest, en venant vers Douai, le cran de retour diminue aussi d'importance et il est nul sur la concession d'Aniche, où les veines prennent en coupe la forme d'un U incliné au sud.

C'est dans la baie formée par les concessions de Denain et de Douchy, que le cran de retour produit le plus d'effet.

Après toutes ces explications, il devient facile de faire des coupes en travers du bassin, avec un certain degré d'exactitude.

Ces coupes expliquent toutes les anomalies signalées :

1o L'absence des houilles inférieures demi-grasses, au midi des houilles grasses supérieures ;

2o La faible largeur de l'affleurement de la bande carbonifère du sud, et même sa disparition complète en beaucoup de points. Mais cette bande a existé, avant les dénudations, avec toute son épaisseur ;

3o Plus au sud, la rencontre du dévonien inférieur, en place avec pente au sud, s'appuyant sur une faille et recouvrant des couches plus récentes renvérsées, ayant aussi pente au sud.

FOSSE N° 3 D'AUCHY-AU-BOIS.

ÉTUDE ET COUPE DES TERRAINS RENCONTRÉS PAR LE PUITS.

Les trois sondages N⁰ˢ 15, 16 et 17 avaient été exécutés, comme nous l'avons dit, par la Compagnie d'Auchy-au-Bois, uniquement pour déterminer, le plus exactement possible, la trace, au niveau du tourtia, de la faille dite limite sud de la zone houillère, dans la région choisie pour l'emplacement de la troisième fosse.

Les deux sondages N⁰ˢ 16 et 17 avaient surtout fourni des indications utiles pour cette détermination approximative.

Nous avons fait connaître les résultats de ces sondages.

On sait, par expérience, qu'il est sage de laisser, autour d'un puits de mine, un massif de sécurité, d'un rayon variant de 50 à 100 mètres, pour éviter les mouvements de terrain provenant de l'exploitation, lesquels mouvements peuvent compromettre la solidité du puits.

Par pure prudence, on laisse aussi un massif de sécurité autour de l'axe d'un sondage, quelque bien cimenté qu'ait été le trou.

Nous avions choisi les emplacements des sondages N⁰ˢ 16 et 17, pour qu'en cas de succès de l'un d'eux, nous puissions placer la fosse près d'un de ces sondages, et n'avoir ainsi, pour le puits et le sondage, que la surface perdue comme massif de garantie, mais nous avons vu que l'affleurement sud de la zone houillère passait entre les deux sondages, distants entre eux de 70 mètres; il était alors possible, en plaçant la fosse entre ces deux sondages, d'englober le tout dans le même cercle destiné à rester vierge de toute ex-

Carte des Bassins houillers du Nord, de la Belgique et de la Prusse.

Pl. XV

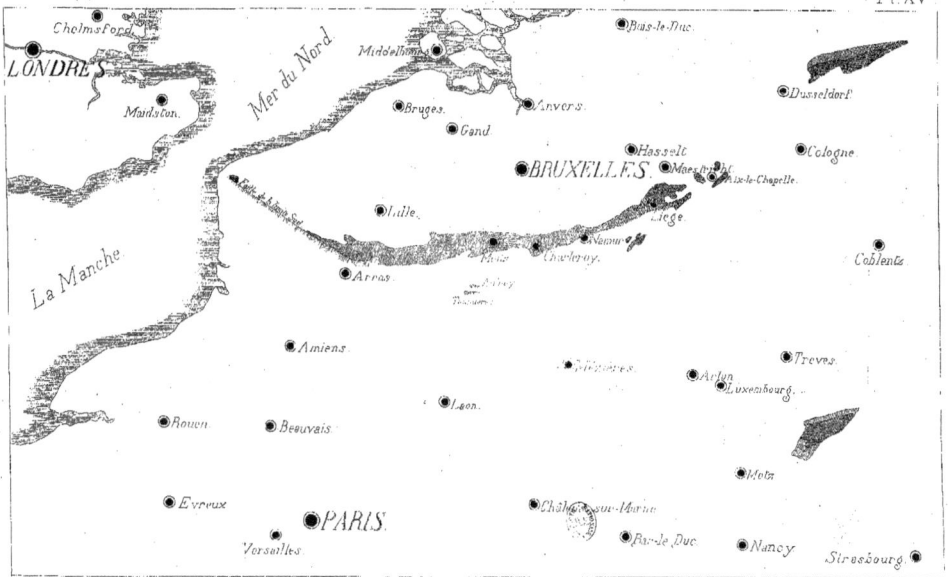

Cholmsford.

LONDRES

Maidston.

Mer du Nord

Middelbon.

Bus-le-Duc.

Dusseldorf.

Bruges.

Gand.

Anvers.

Hasselt

Cologne.

BRUXELLES

Maestricht.

Aix-le-Chapelle.

La Manche

Lille.

Liege.

Namur.

Coblentz

Arras.

Mons.

Charleroy.

Abbey

Amiens.

Villeres.

Arlon

Treves.

Luxembourg.

Leon.

Rouen

Beauvais.

Metz

Evreux

PARIS.

Châlons-sur-Marne.

Nancy.

Stresbourg.

Versailles.

Bar-le-Duc.

P. Duvillier sculp.

L. Breton del.

ploitation. C'est ce que nous fîmes, et l'emplacement fut choisi à 47 mètres au nord du sondage N° 16.

Le fonçage du puits N° 3 présenta de sérieuses difficultés, et il a fallu vingt-six mois pour arriver à la base du tourtia, qui fut atteinte à 146ᵐ 44. Une pompe de 0ᵐ50 de diamètre a dû fonctionner jusqu'à 95 mètres de profondeur.

Pendant l'exécution de ce fonçage, les travaux au sud du puits N° 2 avançaient tellement, sous les terrains anciens de recouvrement, que l'inclinaison de la faille de la limite sud pouvait être supposée très-faible, et qu'il y avait chance, à la fosse N° 3, de recouper, par le puits, des calcaires anciens, avant de pénétrer dans le terrain houiller. Nous avouerons que nous éprouvions une certaine impatience à recouper ces terrains, car c'était une circonstance exceptionnelle pour leur étude. Ces calcaires anciens ne sont jamais qu'imparfaitement étudiés au moyen de sondages; nous allions ainsi connaître, outre la nature de ces couches, leur inclinaison, leur direction et surtout leurs rapports avec le terrain houiller.

Notre attente ne fut pas déçue. Les derniers morceaux de tourtia renfermaient des débris de phtanites de la formation du calcaire carbonifère; ce terrain fournit un peu d'eau salée qui sortait sans pression; cette venue a tari au bout de quelques heures.

A 146ᵐ44, on trouva des schistes tendres, d'un noir de fumée salissant les doigts, imprégnés de sulfures de fer, mélangés avec des phtanites et renfermant beaucoup de fossiles silicifiés, parmi lesquels M. du Souich, à qui j'en ai donné, a reconnu : *Spirifer mosquensis*, *Orthis michelini*, *Athyris Roysii*, *Rhynchonella pentatona*, *Poteriocrinus crassus*, *Zaphrentis cornu copiæ*.

Ces fossiles indiqueraient que le terrain qui les renferme serait du niveau du calcaire carbonifère de Tournai, un peu plus ancien dans la série que celui d'Hardinghen. Ce terrain correspondrait plutôt au terrain N° 7, qui, dans les plaines d'Hardinghen, est caché sous la petite faille, sur laquelle ont remonté les schistes rouges du dévonien supérieur. Ces fossiles, tout en indiquant, ce qui est évident, que la couche est de la partie inférieure du calcaire carbonifère, pourraient appartenir aussi à des couches absentes à Hardinghen, puisque, dans le Boulonnais, l'épaisseur totale du calcaire carbonifère est inférieure à 400 mètres, tandis qu'en face d'Auchy-au-Bois, le calcaire a plus de 1,500 mètres de puissance. En comparant ces schistes avec ceux trouvés sur 22 mètres de hauteur au sondage N° 16, il n'y avait aucun doute sur leur analogie.

(Un des deux sondages exécutés par la Compagnie dite *la Modeste de Westrehem*, au sud-ouest du puits N° 2 d'Auchy-au-Bois, avait atteint, à 211 mètres, une formation de silex noirs ou phtanites qui peut bien se relier à celle du puits N° 3.)

Après ces schistes noirs pyriteux, à phtanites, dont l'épaisseur fut de 5^{m}30 dans l'axe du puits, on rencontra, à 151^{m}80, un calcaire grésiforme, gris, très-dur, renfermant beaucoup de géodes pleines d'eau et tapissées de cristaux de calcites de la grosseur d'une noisette, avec des petits grains de pyrite.

La surface de séparation des schistes noirs et du calcaire grésiforme, incline au sud de 33°, ce qui indique que ce calcaire grésiforme vient s'arrêter sur la faille de la limite sud, au nord du sondage N° 16, et n'avait pu être rencontré par celui-ci.

Ce banc de calcaire grésiforme a 2^{m}40 d'épaisseur; les morceaux de la base répandent, au frottement, une odeur d'hydrogène sulfuré.

A 154^{m}20, on touche un autre banc de calcaire, noir sale, plus dur, pyriteux, concrétionné et poreux; l'inclinaison au sud est toujours de 33°; mais, à 155^{m}40, ce banc est coupé en sifflet, suivant un plan incliné de 18° 1/2 au sud, ou de 1 mètre de hauteur verticale pour trois mètres de distance horizontale. La direction de ce plan est de N-O, S-O. C'est le passage de la faille dite limite sud du bassin.

Dessous, apparaissent des schistes houillers, avec empreintes de fougères ; mais ces schistes sont accompagnés d'amas de charbon et de gros rognons de calcaire carbonifère. Cet ensemble forme une espèce de brèche, qui est bien ce que l'on devait rencontrer le long d'une faille qui a produit un transport de couches aussi considérable.

Le petit bassin des plaines d'Hardinghen *(Pl. XIII)*, qui est sous la même faille, se présente exactement de la même manière. On n'y trouve, à la tête, que des nids de houille mélangée de calcaire. Mais là, à cause de la faible épaisseur de ce gisement, on ne tarde pas non plus à trouver le calcaire de la base. De 155^{m}40 à 160 mètres de profondeur dans le puits N° 3, les rognons de calcaire noir sont de plus en plus rares et la roche est, à cette dernière profondeur, formée principalement de schistes tendres de formation houillère.

De 160 à 167 mètres, ce sont des alternances de schistes et de grès houillers, dans lesquelles on reconnaît un fort pendage au sud.

Enfin, à 167 mètres, le puits recoupe une couche de charbon, inclinée de 41° au sud, qui fournit de gros blocs de houille d'un demi-mètre cube. Ce charbon est encore impur et sulfureux ; il se ressent du voisinage de la faille.

D'après nos comparaisons avec les couches de houille rencontrées par le sondage N° 7, à Bellery, nous croyons être, au puits N° 3, sur la partie supérieure de ce magnifique faisceau de veines.

TROISIÈME PARTIE.

ÉTUDE COMPARATIVE DES TERRAINS HOUILLERS D'AUCHY-AU-BOIS
ET DU BOULONNAIS. — DÉTERMINATION DE L'AGE
DE LA HOUILLE DE CE DERNIER BASSIN.

Le terrain houiller du Boulonnais a été étudié, depuis le commencement de ce siècle, par les plus grands géologues français et anglais, et, presque tous ont conclu différemment. Après des savants comme MM. du Souich, de Verneuil, Murkisson, Élie de Beaumont, Delanoue, Scharpe, Austen, il y avait témérité d'émettre son opinion, à moins que pour s'abriter, elle ne fût conforme à celle de l'un d'eux.

M. Promper, ex-directeur des mines de Dourges, sous les ordres de qui je fus pendant huit ans, a passé les premières années de sa carrière d'ingénieur à exécuter des travaux de mines dans le Boulonnais ; aussi, reste-t-il toujours passionné pour la géologie de ce pays, et nous eûmes souvent des conversations dans lesquelles il me faisait part de ses idées, qui diffèrent aussi de celles des savants ci-dessus dénommés.

Plus-tard, lorsque M. Gosselet fit paraître son *Étude sur le terrain carbonifère du Boulonnais*, je l'étudiai en détail ; je me rappelais les conversations de M. Promper, et c'est alors que je me suis mis à chercher les points de comparaison qui existent entre le bassin du Boulonnais et le grand bassin du Pas-de-Calais.

Comme beaucoup d'ingénieurs, j'avais été frappé depuis longtemps de la position du bassin d'Hardinghen sur le

prolongement rectiligne du bassin d'Auchy-au-Bois et de
Fléchinelle, et, vaguement, je disais qu'il ne serait pas
impossible qu'il se trouvât du terrain houiller dans l'espace
compris entre Fléchinelle et Hardinghen ; mais je ne pou-
vais avancer la moindre théorie ; c'est dans le travail de
M. Gosselet que j'ai trouvé les premiers matériaux pour
essayer de relier le bassin du Boulonnais avec celui dit du
Pas-de-Calais.

D'abord, je fus frappé des caractères de la bande étroite
dite des Plaines d'Hardinghen ; c'était la représentation du
sommet de l'angle de la base du terrain houiller, avec la
faille de la limite sud, en faisant passer cette faille à une
faible hauteur au-dessus de cette base. On trouve dans ce
petit bassin des Plaines : d'abord, comme à la fosse N° 3
d'Auchy-au-Bois, immédiatement sous la faille de la limite
sud, des amas de charbon mélangés de schistes houillers
et de calcaire carbonifère, et, un peu plus bas, les couches
houillères, avec leur inclinaison au sud, reposent aussi
en stratification concordante sur le calcaire carbonifère et
s'enfoncent sous la grande faille de la limite sud, au midi
de laquelle viennent s'appuyer les terrains carbonifères,
relevés à la surface et renversés lors du grand mouvement
qui a produit l'U incliné.

En un mot, la coupe du bassin des Plaines est une réduc-
tion de celle d'Auchy-au-Bois. La partie appelée bassin
d'Hardinghen, qui est celle qui fournit une véritable exploitation, a été plus difficile à étudier (*Planche XIII*).

Les couches houillères ont une inclinaison de 20° au
nord-ouest ; elles viennent butter, au nord, contre une
faille presque verticale (70° d'inclinaison au sud) ; mais le
fait le plus extraordinaire, et qui a reçu tant d'explications différentes, c'est que ce gisement houiller est coupé
en sifflet, suivant un angle de 12° au nord, par une faille
sur laquelle reposent des calcaires carbonifères augmentant d'épaisseur vers le nord, et que les trois fosses *du
Souich, Renaissance* et *Providence* ont dû traverser avant

de pénétrer dans le terrain houiller. Il est reconnu aujourd'hui, sans contestation, que ce calcaire appelé calcaire Napoléon, est d'une formation antérieure à celle du terrain houiller, et est du même âge que les couches du même nom reconnues sur d'autres points et dont le niveau géologique est compris entre le terrain dévonien et le terrain houiller.

En prolongeant la faille de séparation du calcaire avec le terrain houiller, elle vient rencontrer la faille sud, prolongée aussi, du bassin des Plaines ; si, de ce point de rencontre comme centre, nous faisons faire un mouvement de rotation, de manière à amener les deux failles dans le prolongement l'une de l'autre, nous remarquons que les différentes couches, qui encaissent le bassin d'Hardinghen, viennent occuper des positions qui sont le prolongement des couches encaissantes du petit bassin des Plaines, et on obtient un ensemble qui représente le bassin d'Auchy-au-Bois, en supposant la faille de la limite sud entamant ce bassin à 200 mètres de hauteur, par rapport à la base (*Pl. XIII*).

Si le mouvement de bascule au nord-ouest, qui a brisé la faille de la limite sud, n'avait pas eu lieu, il ne serait resté du gisement d'Hardinghen, que le petit bassin des Plaines, car le niveau final des dénudations postérieures est plus bas que la base de la formation houillère avant le mouvement.

La faille, qui arrête au nord le pied des veines, se comporte exactement comme la faille de retour dans le gisement d'Auchy-au-Bois ; elle y joue le même rôle ; cette faille, en allant à l'ouest, coupe en biais les couches inférieures, dévoniennes d'abord, puis carbonifères ; sur Ferques, les directions des couches s'écartent assez au nord pour laisser une ligne de terrain houiller. Le long de cette ligne, et dans la faille, il s'y trouve même des amas de charbon qui ont été exploités autrefois aux puits de Ferques et de Leulinghen.

Quoique la comparaison entre le bassin du Pas-de-Calais, qui est la continuation de celui du Nord, et le bassin d'Hardinghen paraisse si concluante, il faut pousser les investigations encore plus loin, pour ne laisser aucun doute. Les fosses d'Hardinghen, comme celles actuelles d'Auchy-au-Bois, exploitent les veines inférieures de leur gisement. Or, il arrive ceci de remarquable, que la cinquième couche, en partant de la base, fournit un charbon pour la forge, qui lui a fait donner le nom de Maréchale par les deux Compagnies; c'est le nom que cette veine porte à Hardinghen depuis plus de 50 ans, et à Auchy-au-Bois depuis 18 ans. Je n'en conclus pas que ce soit la même veine, mais seulement que les charbons sont de même nature, caractère qui a sa valeur. Enfin, sur une épaisseur de 160 mètres de terrain houiller, connue à la fosse Providence, on trouve dix veines; même nombre à Auchy-au-Bois pour les 160 mètres de la base.

Mais le caractère principal, celui qui donne presque le millésime de la formation, qui permet de lire l'âge de la houille, ce sont les empreintes.

Nous avons déjà prouvé que chaque couche de houille a ses empreintes à elle propres, ou, du moins, certaines empreintes dominent dans chaque couche, comme chaque période de notre histoire a laissé des médailes. Ce sont ces médailles que l'on trouve à Hardinghen, identiques à celles d'Auchy-au-Bois.

Voici les noms des empreintes connues du terrain houiller d'Hardinghen, déterminées par M. Jules Barrois : *Pecopteris Loshii* (Auchy-au-Bois), *Nevropteris heterophylla* (Auchy-au-Bois), *Sphenopteris coralloïdes* (Auchy-au-Bois) *Trichomanites delicatulus, Sphenophyllum erosum* (rameaux et fruits) (Auchy-au-Bois), *Annularia radiata* (Auchy-au-Bois), *Astherophyllites delicatulus* (Auchy-au-Bois), *Calamites sukowii* (Auchy-au-Bois), *Calamites cystii.*

Ces empreintes appartiennent aussi toutes aux trois

grandes familles des Calamites, des Astérophyllites et des Fougères. La houille d'Hardinghen fait donc partie des formations supérieures du terrain houiller.

J'arrive donc, les mains pleines de preuves, à prouver que le bassin houiller du Boulonnais, modifié par les nombreux accidents qui le rendent si difficile à étudier, à l'époque de sa formation, était en communication avec celui du Pas-de-Calais, dont il formait le prolongement ; que sa division en trois bassins vient corroborer ce qui a été prouvé dans le chapitre précédent, c'est-à-dire l'existence du prolongement au sud de la zône houillère du Pas-de-Calais, recouverte de terrains plus anciens. De cette étude, il résulte aussi qu'à l'ouest de Fléchinelle, où la faille de la limite sud pénètre dans le calcaire carbonifère du Nord, ce qui reste de la zône houillère du Pas-de-Calais continue à l'ouest, mais elle est complètement recouverte de terrains plus anciens qui ont remonté sur la faille. Les sondages exécutés jusqu'ici, entre Fléchinelle et Hardinghen, ont toujours été arrêtés à la rencontre du terrain d'une formation plus ancienne que la houille. Quand on reconnaît que ces terrains sont en place, il est inutile de continuer le forage ; mais, si au contraire on peut constater un renversement, l'existence de la houille en profondeur est possible.

Jusqu'ici, aucun de ces sondages n'a rencontré le terrain houiller immédiatement sous les terrains secondaires. Y a-t-il un point où ce cas favorable puisse se présenter, comme sur la surface où se trouvent les vieilles fosses d'Hardinghen, qui ne traversaient pas de terrain calcaire avant d'atteindre la houille ? Je le crois et en voici les raisons : Le gisement houiller d'Hardinghen, avec le sommet de l'angle dans le bassin des Plaines, a ses couches houillères plongeant au nord-ouest. C'est le mouvement de bascule, dont la faille N. 82° O. paraît avoir été l'axe de rotation, qui est la cause de ce plongement. Avant ce mouvement, le gisement houiller d'Hardinghen devait

Carte de la Zône houillère du Pas de Calais et des Concessions Echelle $\frac{1}{200000}$

PlXIV

F.Ravillier. sculp.

L.Breton del.

être en solution de continuité avec la partie de la zône houillère cachée par les terrains plus anciens au midi d'Auchy-au-Bois, au midi de Fléchinelle et aussi de l'ouest de Fléchinelle, car elle se présente avec les mêmes terrains encaissants. Il est probable que ce n'est pas brusquement que ce gisement, dont la partie correspondante est à 2,000 mètres de profondeur, au méridien du N° 3 d'Auchy-au-Bois, est arrivé au niveau actuel à Hardinghen, avec pente au nord-ouest.

Le complément de ce gisement doit se trouver à l'est d'Hardinghen, dans des conditions symétriques, c'est-à-dire avec pente au sud-est.

C'est pour reconnaître si cette hypothèse est fondée que la société de recherches dite d'Alembon a exécuté deux sondages. Le premier, à Alembon, dans la vallée Madame, a rencontré, à 90 mètres de profondeur, les grès de Fiennes, et, à 100 mètres, les schistes rouges (N° 6), c'est-à-dire le dévonien en place; il a donc été arrêté.

Le deuxième sondage, sur la route de Licques à Colembert, est à 197 mètres, dans les terrains jurassiques. On le continue jusqu'aux terrains de transition.

En terminant, je dois dire que si j'ai pu mener cette étude à bonne fin, c'est grâce aux travaux de M. Gosselet sur le Boulonnais, que je n'ai cessé de consulter. Si les conclusions, sur la position du calcaire Napoléon traversé dans les fosses, que je démontre renversé sur le terrain houiller en place, sont différentes de celles de M. Gosselet, qui, après avoir cru à un renversement, a adopté ensuite l'idée contraire, il n'en est pas moins vrai que, sans le travail de M. Gosselet, j'aurais fait une étude comparative, fort incomplète, avec le bassin du Pas-de-Calais.

Lille-Imp.L. Danel.

Mines d'Auchy-au-Bois.

Pl. XVI.

Coupe passant par l'axe du Puits N.º 3 et les Sondages N.ºˢ 16 et 17. Echelle ¹⁄₅₀₀₀.

Tourtia.

Ligne horizontale passant à 60 mètres au dessous du Niveau de la Mer.

Tourtia.

Grande Faille de la limite Sud de la zone Houillère.

Fossiles
{
Spirifer mosquensis.
Orthis Michelini.
Athyris Royssii.
Rhynchonella pentahina.
Poteriocrinus crassus.
Zaphrentis cornu copiæ.
}

15 Octobre 1876.

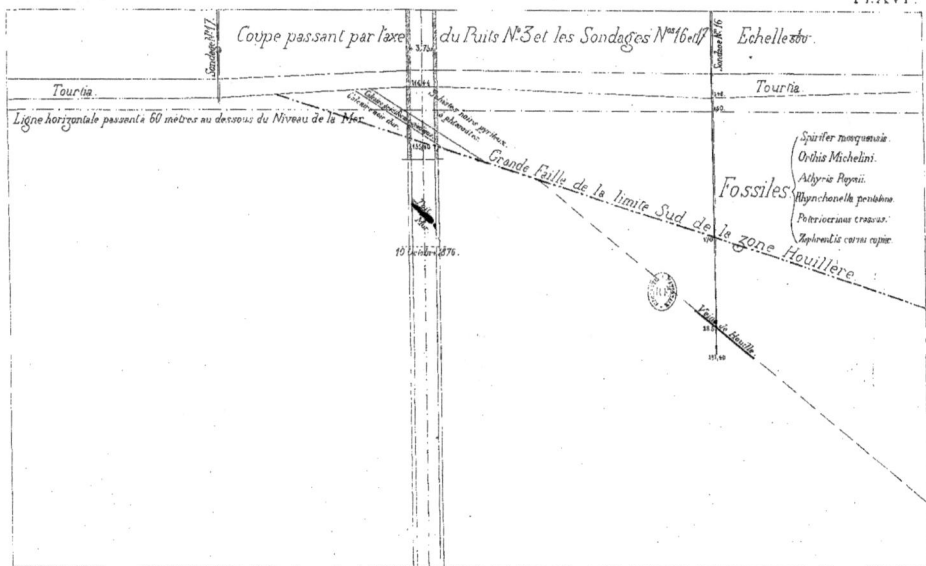

Carte géologique des terrains de transition du Bas-Boulonnais *Echelle* $\frac{1}{40000}$

Pl. XVII

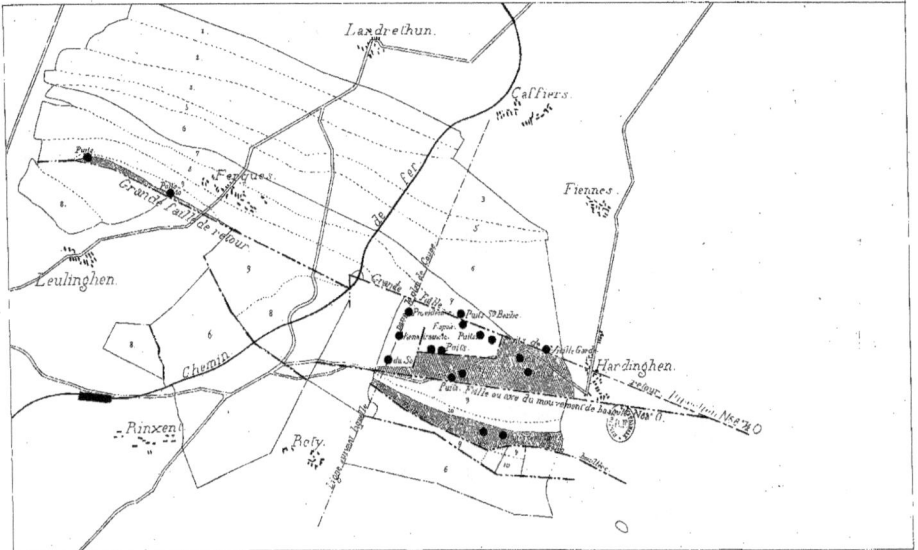

P. Duvillier sculp.

L. Brehn del.

www.ingramcontent.com/pod-product-compliance
Lightning Source LLC
Chambersburg PA
CBHW050552210326
41521CB00008B/942